和希望一起飞

吴飞 主编

U0739485

吉林出版集团有限责任公司

图书在版编目（CIP）数据

和希望一起飞／吴飞主编 . —长春：吉林出版集团有限责任公司，2011. 9

（心之语系列）

ISBN 978-7-5463-5774-4

Ⅰ.①和…　Ⅱ.①吴…　Ⅲ.①成功心理-少年读物

Ⅳ.①B848.4-49

中国版本图书馆 CIP 数据核字（2011）第 128999 号

和希望一起飞

作　　者	吴　飞　主编
责任编辑	孟迎红
责任校对	赵　霞
开　　本	710mm×1000mm　1/16
字　　数	250 千字
印　　张	14.5
印　　数	1-5000 册
版　　次	2011 年 9 月第 1 版
印　　次	2018 年 2 月第 1 版第 2 次印刷
出　　版	吉林出版集团股份有限公司
发　　行	吉林音像出版社有限责任公司
	吉林北方卡通漫画有限责任公司
地　　址	长春市泰来街 1825 号
	邮　编：130062
电　　话	总编办：0431-86012906
	发行科：0431-86012770
印　　刷	北京龙跃印务有限公司

ISBN 978-7-5463-5774-4　　　　　定价：39. 80 元

代　序

让自己看到生命中的蓝天

中考时，因没考上重点高中，我不禁感到心灰意冷。父亲的斥责在我眼里成了唾弃，母亲的鼓励也被我视为唠叨。一种难于道明的青春年春年少时期的叛逆使我开始憎恨这个世界，开始与父母、老师甚至自己作对。

班主任曾私下不止一次对我的同学断言，如果将来有一天，我也会有出息的话，那一定是上天瞎了眼。对此，我从来深信不疑。那时候的我是学校最鲜活热辣的反而教材，老师可随时毫无顾忌地当着同学的面将我贬得一文不值。

然而，一次戏剧性的偶然让我对生活的态度发生了截然改变。那是一次"学习交流会"，学校年级前20名的优等生在小会议室交流学习心得体会，而年级排名后50名的差生则安排在大会议室作"分流动员教育"。身为年级排名后50名的我当然是重点教育对象。虽然在校呆了差不多两年，各种办公室倒是进过不少，会议室却是破天荒头一遭，我竟阴差阳错误入了小会议室。后来我就想，这也许就是班主任所说的"老天瞎了眼"的时候吧，

主讲是一位小老头儿，一个挺有风度的外地教授。他所讲的无非是些现阶段中学生应该注意哪些心理问题什么的，听起来挺无聊的，弄得我昏昏入睡。突然，朦胧中的我瞧见坐在老头旁边维持秩序的政教处主任的眼神奇怪地朝我这边闪了一下，一种不祥的预感从心头涌起。

果然不出所料，当着众多人的面，我被政教处主任"请"了出去。"你

应该到大会议室去，那里才是你们这些垃圾呆的地方！"政教处主任狠狠地对我喝道。

"发生了什么事？"老头走了过来。

"没什么，"政教处主任瞄了我一眼，不屑地说；"这个家伙不知好歹混了进来，我正要把他赶走，他是我们学校最差的学生！"我默不吱声地瞪着他，心里的火焰蹿得老高。

老头扶了扶眼镜，和蔼地端详了我一会，"一个挺好的孩子，你怎能够这样广说自己的学生呢？"政教处主任的脸刷地尴尬起来。"如果你不介意继续听我讲座，我将深感荣幸。"老人对我说。刹那间，一股暖流涌遍了我的全身，一位德高望重的教授对一个不可救药的劣等生说"我将深感荣幸"，我不是在做梦或是听错了吧？我激动得说不出话来，深深地向教授鞠了一个躬，直着腰从前门走出了小会议室。

"考上大学只能证明文化知识也许学得不错，会打球会绘画会唱歌会跳舞也仅仅表明一种生活的兴趣与修养，可是我们这些老师们却常常忽视了一个最基本的问题：怎样培养学生从小就以积极的心态面对生活，而这才是最重要的，谁也无法知道明天将会怎样，谁也没有权力去预言别人的明天，如果觉得生活对你不公平，不妨试着换一种心态生活，你或许会发现，摘下眼镜，蓝天始终还是蓝天……"老教授温暖的话语让我至今记忆犹新。

目　录

人生是不能预测的，未来的路还很长，不管遇见酸、甜、苦、辣都是人生的美丽，我们不能做温室里的花朵，而是做一棵坚强勇敢的树苗，在风雨中磨练，才能坚强，感悟各种人生！

没有目标的人，无论在生活中，还是在事业上，都容易随波逐流。世界上最贫穷的人并不是身无分文的人，而是没有目标的人。想别人之不敢想，做别人之不敢做。只有胸怀天下，目标远大才会有巨大的成功。

我们的未来，在远处若隐若现，给了我们无限遐想的空间。在驶向未来的路上，我们需要的，是一颗坚定的心，是一种永不放弃的信念，还有一种能够影响周围人的感染力。只要我们拿出信心、决心和毅力，成功，就会青睐我们，未来，也尽在我们的掌握中。

世界上最宽阔的东西是海洋，比海洋更宽阔的是天空，比天空更宽阔的是人的心灵。在一个个感人至深的心灵故事中，仿佛有一个心灵导师款款走来，跟我们细语生命的真谛，生活的本质。我们的心灵，在这低述中渐渐清澈，渐渐丰盈。当生命的赞歌一曲曲响起时，让我们静下心来，谛听这心灵深处的声音吧。

温暖是一缕清风，带走你对问题的困惑；在感悟中，温暖是太阳，暖化和感动你的心；在逆境中，温暖伴随你，历经万水千山和长途跋涉……

第一辑　哲理人生

人生是不能预测的，未来的路还很长，不管遇见酸、甜、苦、辣都是人生的美丽，我们不能做温室里的花朵，而是做一棵坚强勇敢的树苗，在风雨中磨练，才能坚强，感悟各种人生！

玻璃瓶中的机遇

　　许多时候，机遇来临时并不是敲着锣打着鼓，而是悄悄从你身边溜过。有心还是无意，是决定能否抓住机遇的关键。

　　别涅迪克博士是法国一家化学研究所的高级研究员。一次，在实验室里，他准备将一种溶液倒入烧瓶，一不小心烧瓶"咣当"落在了地上了地上，糟糕！还得费时间打扫玻璃碎片，别涅迪克博士有些懊恼。然而，烧瓶并没有破碎，于是他弯下腰捡起烧瓶仔细观察，这只烧瓶和其他烧瓶一样普通，以前也曾有烧瓶掉在地上，但无一例外全都破成了碎片，为什么这只烧瓶仅有几道裂痕而没有破碎呢？别涅迪克博士一时找不到答案，于是他就把这只烧瓶贴上标签，注明问题，保存起来。

　　不久后的一天，在别涅迪克博士走进实验室前，他看到一张报纸上报道说市区有两辆客车相撞，车上的多数乘客被挡风玻璃的碎片划伤，其中一辆车的司机被一块碎玻璃刺穿面部而进入口腔。

　　别涅迪克博士一下子想到了那只裂而不碎的烧瓶。他走进实验室拿过那只烧瓶，只见那只烧瓶的瓶壁有一层薄薄的透明的膜。别涅迪克博士用刀片小心地取下一点进行化验，结果表明，这只烧瓶曾盛过一种叫硝酸纤维素的化学溶液，那层薄薄的膜就是这种溶液蒸发后残留下来，遇空气后产生了反应，从而牢牢粘贴在瓶壁上起到保护作用。因为无色透明，所以一点儿也不影响视觉。

　　"如果这种溶液，用于汽车玻璃的生产中，以后再发生类似的交通事故，乘客的生命安全系数不是更有保障吗？"……别涅迪克博士因为这个小小的发现而荣登 20 世纪法国科学界突出贡献奖的榜首。

　　每一种成功都始于一双善于发现的眼睛，更始于执着探索的心灵。常常我们慨叹没有机遇，但许多时候，机遇来临时并不是敲着锣打着鼓，而是悄悄从你身边溜过。

机遇会时不时轻轻敲打着我们的门窗，可惜的是，许多人或者没有听到，与机遇失之交臂；或者还没准备好，眼睁睁看着机遇离开；或者在机会面前麻木不仁，反应迟钝，于是一次次地失去机会，最终一事无成，末了还怨天尤人，说自己时运不济，生不逢时。而那些时刻准备着的人，机遇一来，就能紧紧抓住不放，"好风凭借力，送我上青云"，建功立业，叱咤风云，走上成功的坦途。即便环境恶劣，机遇不来敲门，他们也能主动出击，去捕捉机遇，追求机遇，创造机遇。

（佚名）

目标的意义

"如今，功成名就的我感到无事可做了，我没有了新的目标……"没有了人生目标的他，因此也就感觉不到生命的意义。

英国有一个名叫斯尔曼的残疾青年，尽管他的腿有慢性肌肉萎缩症，走路有许多不便，但是他还是创造了许多连健全人也无法想象的奇迹。19岁那一年，他登上了世界屋脊珠穆朗玛峰；21岁那一年，他征服了著名的阿尔卑斯山；22岁那一年，他又攀登上了他父母曾经遇难的乞力马扎罗山；28岁前，世界上所有的著名高山几乎都踩在了他的脚下。

但是，就在他生命最辉煌的时刻，他在自己的寓所里自杀了。

为什么一个意志力如此坚强、生命力如此顽强的人，会选择自我毁灭的道路？

他的遗嘱告诉我们这样的答案：11岁那一年，他的父母在攀登乞力马扎罗山时遭遇雪崩双双遇难。出发前给小斯尔曼留下了遗言，希望他能够像父母一样，征服世界上的著名高山。因此，他从小就有了明确而具体的目标，目标成为他生活的动力。但是，当28岁的他完成了所有的目标时，就开始找不到生活的理由，就开始迷失人生的方向了。他感到空前的孤独、无奈与绝望，他给人们留下了这样的告别辞：

"如今，功成名就的我感到无事可做了，我没有了新的目标……"没有了人生目标的他，因此也就感觉不到生命的意义。

其实，我们每一个人在这个世界上多少是有自己的目标的，尽管许多人并不一定清醒地意识到自己的目标。在生活中，目标就是人的生命的意义，没有目标，生命的一半就失却了。对于那些为目标而存在的个体来说，没有目标，也就没有了生命的价值。

（佚名）

世间最珍贵的东西

世间最珍贵的不是"得不到"和"已失去"，而是现在能把握的幸福。

从前，有一座圆音寺，每天都有许多人上香拜佛，香火很旺。在圆音寺庙前的横梁上有个蜘蛛结了张网，由于每天都受到香火和虔诚的祭拜的熏托，蛛蛛便有了佛性。经过了一千多年的修炼，蛛蛛佛性增加了不少。

忽然有一天，佛主光临了圆音寺，看见这里香火甚旺，十分高兴。离开寺庙的时候，不轻易间地抬头，

看见了横梁上的蛛蛛。佛主停下来，问这只蜘蛛："你我相见总算是有缘，我来问你个问题，看你修炼了这一千多年来，有什么真知拙见。怎么

样？"蜘蛛遇见佛主很是高兴，连忙答应了。佛主问到："世间什么才是最珍贵的？"蜘蛛想了想，回答到："世间最珍贵的是'得不到'和'已失去'。"佛主点了点头，离开了。

就这样又过了一千年的光景，蜘蛛依旧在圆音寺的横梁上修炼，它的佛性大增。一日，佛主又来到寺前，对蜘蛛说道："你可还好，一千年前的那个问题，你可有什么更深的认识吗？"蜘蛛说："我觉得世间最珍贵的是'得不到'和'已失去'。"佛主说："你再好好想想，我会再来找你的。"

又过了一千年，有一天，刮起了大风，风将一滴甘露吹到了蜘蛛网上。蜘蛛望着甘露，见它晶莹透亮，很漂亮，顿生喜爱之意。蜘蛛每天看着甘露很开心，它觉得这是三千年来最开心的几天。突然，又刮起了一阵大风，将甘露吹走了。蜘蛛一下子觉得失去了什么，感到很寂寞和难过。这时佛主又来了，问蜘蛛："蜘蛛这一千年，你可好好想过这个问题：世间什么才是最珍贵的？"蜘蛛想到了甘露，对佛主说："世间最珍贵的是'得不到'和'已失去'。"佛主说："好，既然你有这样的认识，我让你到人间走一朝吧。"

就这样，蜘蛛投胎到了一个官宦家庭，成了一个富家小姐，父母为她取了个名字叫蛛儿。一晃，蛛儿到了十六岁了，已经成了个婀娜多姿的少女，长的十分漂亮，楚楚动人。

这一日，新科状元郎甘鹿中士，皇帝决定在后花园为他举行庆功宴席。来了许多妙龄少女，包括蛛儿，还有皇帝的小公主长风公主。状元郎在席间表演诗词歌赋，大献才艺，在场的少女无一不被他折倒。但蛛儿一点也不紧张和吃醋，因为她知道，这是佛主赐予她的姻缘。

过了些日子，说来很巧，蛛儿陪同母亲上香拜佛的时候，正好甘鹿也陪同母亲而来。上完香拜过佛，二位长者在一边说上了话。蛛儿和甘鹿便来到走廊上聊天，蛛儿很开心，终于可以和喜欢的人在一起了，但是甘鹿并没有表现出对她的喜爱。蛛儿对甘鹿说："你难道不曾记得十六年前，圆音寺的蜘蛛网上的事情了吗？"甘鹿很诧异，说："蛛儿姑娘，你漂亮，也很讨人喜欢，但你想象力未免丰富了一点吧。"说罢，和母亲离开了。

蛛儿回到家，心想，佛主既然安排了这场姻缘，为何不让他记得那件事，甘鹿为何对我没有一点的感觉？

几天后，皇帝下旨，命新科状元甘鹿和长风公主完婚；蛛儿和太子芝草完婚。这一消息对蛛儿如同晴空霹雳，她怎么也想不同，佛主竟然这样对她。几日来，她不吃不喝，穷究急思，灵魂就将出壳，生命危在旦夕。太子芝草知道了，急忙赶来，扑倒在床边，对奄奄一息的蛛儿说道："那日，在后花园众姑娘中，我对你一见钟情，我苦求父皇，他才答应。如果你死了，那么我也就不活了。"说着就拿起了宝剑准备自刎。

就在这时，佛主来了，他对快要出壳的蛛儿灵魂说："蜘蛛，你可曾想过，甘露（甘鹿）是由谁带到你这里来的呢？是风（长风公主）带来的，最后也是风将它带走的。甘鹿是属于长风公主的，他对你不过是生命中的一段插曲。而太子芝草是当年圆音寺门前的一棵小草，他看了你三千年，爱慕了你三千年，但你却从没有低下头看过它。蜘蛛，我再来问你，世间什么才是最珍贵的？"蜘蛛听了这些真相之后，好像一下子大彻大悟了，她对佛主说："世间最珍贵的不是'得不到'和'已失去'，而是现在能把握的幸福。"刚说完，佛主就离开了，蛛儿的灵魂也回位了，睁开眼睛，看到正要自刎的太子芝草，她马上打落宝剑，和太子深深的抱着……

故事结束了，你能领会蛛儿最后一刻的所说的话吗？"世间最珍贵的不是'得不到'和'已失去'，而是现在能把握的幸福。"

（佚名）

尊贵的名字

我为什么总是怀揣着一个沉重的"目的"去行事、去思想？在这过程中，我的眼睛漏掉了什么？我的心灵遗忘了什么？

那一次难忘的笔会。主办单位准许每个与会者带一名家属，于是，原本只有十几个人参加的会议一下子拥有了三十多个与会人员。

刚好凑满了一车。大家一路欢歌，去风景绝佳处犒劳眼与心。

身边坐着的，有好几位都是用优质的精神食粮喂养过自己灵魂的名家，为了这次幸运的相逢，也为了留下一份恒久的纪念，我脱下旅行帽，请各位老师签名。我的儿子也仿效了我的样子，脱下帽子，请大家一一签名留念。

到了饭店，我和儿子交换帽子，欣赏对方邀来的珍贵签名。我惊奇地发现，我儿子帽子上的签名远比我的丰富。仔细看看，原来，他让那些"名家"的爱人、孩子也一个不落地全都签了名！

突然心中黯然，感觉自己输给了孩子。

真的，我怎么就没有想到让名家的家人也来签个名呢？我的眼睛，只管瞄着那些"重量级"的人物，忽略了那些我叫不上名字来的人，我不知道他们原也是愿意在一顶帽子上欢快地留下一点墨痕的。

笔会结束回到家，我举着两顶帽子给我家先生看，我说："很显然，现在，儿子这顶帽子比我这顶帽子有价值。我感觉自己好笨，竟不懂得生活在名人身边的人其实是更有看点的。"我家先生让儿子逐个读他帽子上的人名，并讲清这些人谁和谁是怎样的关系。我没想到，儿子在介绍了几位作家之后，居然念出了两个我听起来十分陌生的名字。我纳闷地问他："这两个人是谁呀？"儿子一笑，得意地说："不知道了吧？告诉你，这是导游和司机的名字！"

——是那两个一路上被我们唤作"小王"和"小陈"的人的名字！

在灯下，我虔敬地端详那两个名字——导游小王竟像那些大腕明星一样弄了个花式签名；司机小陈的名字写完后显然认真描过，笔画很粗，一丝不苟。

噢，名字，尊贵的名字！

想想看，所有的名字起出来不都是为着供人呼唤与铭记的么？为什么我竟然把签名这么简单的一件事想得那么复杂、那么功利？当我在饭店看到孩子有着丰富签名的帽子，我也曾"黯然"，但我的"黯然"却来得那么低俗。我痛感自己错过了获取"更有看点"的人签名的机缘。我为什么总是怀揣着一个沉重的"目的"去行事、去思想？在这过程中，我的眼睛漏掉了什么？我的心灵遗忘了什么？

多么欣赏我的孩子，他完全忽略掉了同行者的身份与背景，只把他们看成是纯粹的旅伴，唯其如此，他的那顶帽子才获得了不其然的价值。

（佚名）

克米西丁的托尼

> 我知道在国内从事着与苹果相关的研究，我的父母和我家乡的人都为我感到自豪，感谢托尼，是他让我做出了一生最正确的选择。

七年前，我费尽力气，终于获得康奈尔大学农学硕士的 offer 以及高额的奖学金。在众人羡慕的目光中，我踏上了前往另一个国度的飞机。在我的申请信中，我这样写道：

"我来自一个以生产苹果著称的中国北方城市，这里的苹果曾经味道香甜甘美，然而，经过岁月的变迁，苹果的个头越来越大，而味道却越来越淡。就在这时，我有幸吃到了一个来自贵国的苹果，它格外香甜的味道以及高昂的价格却给我留下了深刻的印象。那一刻，我心中涌起了一个神圣的念头：让我的同胞有朝一日，都能吃上这种香甜的苹果……"

就这样，在我的 GRE 和 TOEFL 分数都不算太高的情况下，我获得了很多人都梦寐以求的机会。求学的日子固然艰苦，可是我拥有一个美好的希望——取得美国永久居留权。

三年过去，我终于取得了硕士学位，并在一个叫克米西丁的研究所开始从事利用基因工程做苹果种植的相关研究。同时我亦通过该研究所，顺利地将 F-1 沉重身份转为 H-1B 受雇身份。那段日子，我几乎是每天十四小时以上的工作，平均每个月发表 1 篇论文，我所在的实验室，也数次得到研究所的嘉奖。半年之后，研究所为我申请了劳工证。拿到证件的那一刻，我知道，我的梦想就快成真了！

我提出移民申请时，研究所破格提拔了我，让我单独负责一个实验室，这实在是太令人兴奋了！

在实验进行到最关键阶段的时候，实验室新来了一个叫托尼的男孩，大四的学生，一副稚气未脱的模样。当然也有一点点好奇，因为西非的学生通常学经济的多，像他这样选择农业的并不多见，难道他跟我一样是为了移民？

在后来的合作中，我们一直相处得很好，表面上看是因为他很勤奋，又非常的专注和细致，这样的助手谁都会欣赏。事实上更重要的原因是，他孜孜不倦的精神，竟常常令我想起自己当年求学的日子。而他在听说我为了一个有关苹果的梦想远渡重洋的故事之后，他深感敬佩，因为他自己，正是为了他贫穷的祖国，为了学习如何提高粮食产量，才选择了农业。与托尼相处的那段日子，我相信于双方而言，都是快乐的时光。

转眼三个月过去了，我们的实验已接近尾声，一个很重要的阶段性成果就要出现，而我却为了一件更重要的事情而激动着，移民局通知我再参加最后一场面试，不出什么意外的话，就一切 OK 了。我尽力抑制住内心的冲动，认真进行着最后的实验。

然而，所谓乐极生悲，不幸的事情还是发生了。

我不知是因为过度的兴奋和紧张，还是其他什么缘故，在一个很关键的数据提取中，我贴错了两个瓶子的标签。我经手的东西又有谁怀疑过呢？直到最后提取数据的时候，我才发现好像不太对劲。当时我一下子就懵了，怎么会出这种事呢？很快我就发现了事情的起因，但已经无法挽回，因为那两瓶东西也是经过无数次的实验才得到了，唯一的解决办法是从头再来，这意味着好几个月的工夫全部白费，前期投入的大笔资金，还有大批研究人员付出的劳动……

在研究所的内部会议上，投资方代表大发雷霆，我低着头一言不发。我知道移民的事情可能因此告一段落，下一次申请还不知要等到何时。毕竟是因为我才导致了这么严重的事故，我必须为此承担责任。

令我吃惊的是，托尼的声音已经响起。他诚恳的叙述还有沉痛的表情，无法令人怀疑他言语的真实性。而且，一个实习的四年级学生犯错误，也是合情合理之事。研究所当场宣布了对他的处罚，即将送回原来的学校，并将过错告知他的导师。大家都知道这意味着什么，他可能会被马上取消学籍遣送回国。我呆住了，我无法掩饰出脸上的震惊。

可是接下来的事情却让我更加意外。托尼走之前留给我一个未封口的信封。

"我走了，老师。请原谅我未经您的允许，就代替您承担了实验室的事故责任。您一个人身在异乡苦苦打拼多年，只为了自己的同胞能够吃上更香甜可口的苹果，这是多么崇高的理想。我不愿老师您为了这一个小小的疏忽而伤害您完成理想的进程。

"我的学业已接近尾声。四年的大学生活加上您的教导，已经让我长进了许多。国内已经有一家农学研究所向我发出了邀请，所以我的前途不会受到任何影响。希望您的理想早日实现。"

读完托尼的留言，我做了两件事情：一件就是重新把实验完成；第二就是撤回了移民申请。我知道在国内从事着与苹果相关的研究，我的父母和我家乡的人都为我感到自豪，感谢托尼，是他让我做出了一生最正确的选择。

（佚名）

自然之道

人是万物之灵。然而，当人自作聪明时，一切都可能走向反面。

　　我和七个旅行同伴及一个生物学家向导，结队到达南太平洋的加拉巴哥岛。这个海岛上有许多太平洋绿海龟用来孵化小龟的巢穴，我们去们去那里旅游的一个目的是，想实地观察一下幼龟是怎样离巢进入大海的。

　　太平洋绿龟的体重在150公斤左右，幼龟不及它的百分之一，幼龟一般在四五月间离巢而出，争先恐后爬向大海。只是从龟巢到大海需要经过一段不短的沙滩，稍不留心便可能成为鹰等食肉鸟的食物。

　　那天我们上岛时，已近黄昏，我们很快就发现一只大龟巢。突然，一只幼龟率先把头探出龟巢，却又欲出而止，似乎在侦察外面是否安全。正当幼龟踯躅不前时，一只嘲鹰突兀而来，它用尖嘴啄幼龟的头，企图把它拉到沙滩上去。

　　我和同伴紧张地看着眼前的一幕，其中一位焦急地问向导："你得想想办法啊？选"向导却若无其事地答道："叼就叼去吧，自然界之道，就是这样的。"

　　向导的冷淡，招来了同伴们一片"不能见死不救"的呼唤。向导极不情愿地抱起小龟，把它引向大海，那只嘲鹰眼见着到手的美食给抱走，只能颓丧地飞走了。

　　然而，接下来发生的事却使大家极为震惊。向导抱走幼龟不久，成群成群的幼龟从巢口鱼贯而出。现实很快使我们明白：我们原来干了一件愚不可及的蠢事。

　　那只先出来的幼龟，原来是龟群"侦察兵"，一旦遇到危险，它便会返回龟巢。现在做向导的幼龟被引向大海，巢中的幼龟得到错误信息，以为外面很安全，于是争先恐后地结伴而行。

黄昏的海岛，阳光仍很明媚。从龟巢到海边的一大段沙滩，无遮无挡，成百上千的幼龟结群而出，很快引来许多食肉鸟，它们确实可以饱餐一顿了。

"天啊！"我听到背后有人说："看我们做了些什么？"

这时，数十只幼龟已成了嘲鹰、海鸥、铿鸟的口中之物，我们的向导赶紧脱下头上的棒球帽，迅速抓起十数只幼龟，放进帽中，向海边奔去。我们也学着他的样子，气喘吁吁地来回奔跑，算是对自己过错的一种补救吧。

一切都过去之后，数十只食肉鸟已吃得饱饱的，发出欢乐的叫声，响彻云霄。两只嘲鹰仍静静地伫立在沙滩上，希望能捕捉到最后一只迷路的幼龟做佳肴。我和同伴们低垂着头，在沙滩上慢慢前行。似乎在这群凡人中间，一切都寂然静止了。终于，向导发出了他的悲叹："如果不是我们人类，这些海龟根本就不会受到危害。"

人是万物之灵。然而，当人自作聪明时，一切都可能走向反面。

(佚名)

让生命沸腾

青年顿时大悟。回去后，他把计划中所列的目标划掉了许多，只留下最近的几个，同时利用业余时间学习各种专业知识。几年后，他的目标基本上都实现了。

有一位青年满怀烦恼去找一位智者。他大学毕业后，曾豪情万丈地为自己树立了许多目标，可是几年下来，依然一事无成，他找到智者时，智者正在河边小屋里读书。智者微笑着听完青年的倾诉，对他说："你先帮我烧壶开水来！"

　　青年看见墙角放着一把极大的水壶，壶旁边是一个小火灶，可是没发现柴火，于是便出去找，他在外面拾了一些枯枝回来，装满一壶水，放在灶台上，在灶内放了一些柴火便烧了起来，可是由于壶太大，那捆柴火烧尽了，水也还没开。于是他跑出去继续找柴火，那壶水已经凉的差不多了。这回他学聪明了，没有急于点火，而是再次出去找了些柴火，由于柴火准备的充足，水不一会就烧开了。

　　智者忽然问他："如果没有足够的柴火，你该怎样把水烧开？"？

　　青年想了一会，摇摇头。智者说："如果那样，就把水壶里的水倒掉一些！"

　　青年若有所思的点了点头。智者接着说："你一开始踌躇满志，树立了太多的目标，就象这个大水壶装的水太多一样，而你又没有足够的柴火，所以不能把水烧开，要想把水烧开，你或者倒出一些水，或者先去准备足够的柴火！"

　　青年顿时大悟。回去后，他把计划中所列的目标划掉了许多，只留下最近的几个，同时利用业余时间学习各种专业知识。几年后，他的目标基本上都实现了。

　　实现目标只有删繁就简，从最近的目标开始，才会一步步走向成功的彼岸。万事挂怀，只会半途而废。另外，我们只有不断的捡拾那些"柴火"，才能使人生不断加温，最终才能让生命沸腾！

（佚名）

认真做自己

　　做人最重要的就是要了解自己。有人适合做总统，有人适合扫地。如果适合扫地的人以做总统为人生目标，那只会一生痛苦不堪，受尽挫折。

　　漫画家蔡志忠 15 岁那年，刚上初中二年级，就带着投漫画稿赚来的 250 元稿费，到台北画漫画，闯天涯。他很快就面临学历的问题，在他打算到以外制电视节目而闻名的光启社求职时，看到求才广告上"大学相关科系毕业"一项条件，立即就傻眼了。不过他仍旧相信自己的实力，没有理会这项学历限制而加入了应征的行列。结果他击败了另外 29 名应征的大学毕业生，进入了光启社。

　　以后他在漫画界的表现如异军突起，尤其"庄子说"、"老子说"系列书被译成世界各国文字向国外输出后，他也一度成为全台湾纳税额最高的一位作家，他颇以此为荣。

　　而在连初中都没念完的情况下，是什么使他能有勇气踏入这个文凭至上的社会呢？他说："做人最重要的就是要了解自己。有人适合做总统，有人适合扫地。如果适合扫地的人以做总统为人生目标，那只会一生痛苦不堪，受尽挫折。而我，不偏不倚，就是适合做一个漫画家。我从小就知道自己能画，所以才 15 岁就开始专门地画，尽早地画，不停地画，终究画出了自己的一片天空。"

　　这也让人联想到巴西的世界足球王"黑珍珠"贝利，他曾经说："我是天生踢球的，就像贝多芬是天生的音乐家一样。"

　　我们身边也会有这样执著的人。有一位小学老师，从大学毕业后就想要教书，但因为不是师范院校的毕业生，当时没有找到教书的机会，她便到日本留学，攻读教育硕士学位。刚回国时，一时还找不到教职，她就到一家公司担任日文秘书，很得老板的信任，待遇也相当好。但是她仍不放弃想要教书的念头。后来，她参加了教师资格考试，考取后立刻辞去了秘书工作。

教书的薪水不如她担任秘书的薪水多，周围的朋友很不理解，以她的学历绝对可以去教高中，为什么要去教小学呢？她很坚定地说：我就是因为喜欢小孩子才选择这个工作呀！有一回，一个熟人碰到她，问她近来如何。她长得胖胖的，是个很可爱的女孩子，她兴奋地答道："今天刚上过体育课。我也跟小朋友一起爬竹竿，我几乎爬不上去，全班的小朋友在底下喊'老师加油！老师加油！'我终于爬上去了，这是我自己当学生的时候都做不到的事呢！"

这是一个多么快乐、跟学生打成一片的好老师啊！而我们可以肯定的是，如果她因为薪水或是其他因素而违背自己的愿望，选择做个秘书，或者到年龄层比较高的学校教书，就不会那么快乐了。

（佚名）

梦想是一件粗布衣

一个人，只要认为自己所做的事是正确的，那就大胆地去做，哪怕你的梦想只是一件粗布衣，只要坚持下去，粗布衣也可以成为漂亮的时装！

美国少年斯克劳斯受母亲的影响自小就喜欢时装，他的母亲是个小裁缝。尽管家境贫寒，但阻止不了斯克劳斯要做一名出色的时装设计师。斯克劳斯常常将母亲裁剪后的布角偷来，东拼西凑地做成各种各样的小人衣服。由于母亲的布角有限，并且那些布角都是要用来做鞋垫的，斯克劳斯总是遭到父亲的责备。斯克劳斯感到自己的创作欲望得不到满足。有一天，斯克劳斯将父亲从自家凉棚上撤下来的废棚布捡来制成了一件衣服，这种粗布在当时是专门用于盖棚之用的。斯克劳斯穿着自己做的衣服走在大街上，很多人都说他是疯子。甚至母亲都觉得斯克劳斯太过分了。

斯克劳斯的母亲见儿子沉迷于服装设计，便鼓励儿子去向时装大师戴维斯请教，她希望自己的儿子能成为像戴维斯一样成功的时装设计师。那一年斯克劳斯18岁，他带着自己设计的粗布衣来到了戴维斯的时装设计公司。当戴维斯的弟子们看到斯克劳斯设计的衣服时，忍不住哄堂大笑，他们从来没有看到过如此粗俗的衣服！可是戴维斯却将斯克劳斯留了下来。

在戴维斯的鼓励与帮助下，斯克劳斯设计出了大量的粗布衣。可是，没有人对斯克劳斯的衣服感兴趣。斯克劳斯设计的衣服大量积压在仓库里。就连戴维斯都对自己收留斯克劳斯的决定产生了怀疑。但斯克劳斯很固执，他坚信自己的衣服会受到人们的欢迎，于是他试着将那些粗布衣服运往非洲，销给那里的劳工们。由于那种粗布价格低廉、耐磨，居然很受劳工们的欢迎，很快衣服销售一空。

斯克劳斯又将那些粗布衣服做成适合旅行者穿的款式，因为它的沧桑感和洒脱，居然又很受旅行爱好者的欢迎。斯克劳斯又设计出了许多种款式，人们惊奇地发现，那种衣服穿在身上不但随意，还有一种很特别的风味，而且不分季节，任何年龄的人都可以穿。一时间，大家都争着穿起了斯克劳斯设计的粗布衣。如今那种衣服已风靡了全球，那就是以斯克劳斯与戴维斯为品牌的牛仔衣。

一个人，只要认为自己所做的事是正确的，那就大胆地去做，哪怕你的梦想只是一件粗布衣，只要坚持下去，粗布衣也可以成为漂亮的时装！

（佚名）

做生活的主人

源于琐碎的充实，最后终归要迷失在琐碎当中，也不是最充实的。只有心灵满足的人，才是生活的主人。

一天，哲学家率领诸弟子走在街市上，整个街市车水马龙，叫卖声不绝于耳，一派繁荣兴旺的景象。

走出一程后，哲学家问弟子："刚才看到的商贩中，哪个面带喜悦之色呢？"一个弟子回答道："我经过那个鱼肆，买鱼的人很多，主人应接不暇，脸上一直漾着笑容。"弟子的话还没说完，哲学家便摇了摇头，说："为利欲的心虽喜，却不能持久。"

哲学家率众弟子继续往前走，前面是一片农舍，鸡鸣桑树，犬叫深巷，三三两两的人穿梭忙碌着。哲学家打发众弟子四散而去。过了一段时间之后，哲学家又问弟子："刚才见到的村民中，哪个看起来更充实呢？"

一个弟子上前一步，答道："村东有个黑脸的村民，家里养着鸡鸭牛马，坡上有几十亩地，他忙完家里的事情，又到坡上侍弄田地，一刻也不闲着，始终汗流浃背，这个村民应该是充实的。"哲学家略微沉吟一阵子，说："源于琐碎的充实，最后终归要迷失在琐碎当中，也不是最充实的。"

一行人继续往前走，前面是一座山坡，坡上是云彩般的羊群。一块巨石上，坐着一位形容枯槁的老者，怀里抱着一根鞭子，正在往远方眺望。哲学家随即止住众弟子的脚步，说："这位老者游目骋怀，是生活的主人。"众弟子面面相觑，心想，一个放羊的老头，可能孤独无依，衣食无着，怎么会是生活的主人呢？哲学家看了看迷惑不解的弟子，朗声道："难道你们看不到他的心灵在快乐地散步吗？"

（马德）

挫折后的成功辉煌

只有经过地狱般的磨炼，才能炼出创造天堂的力量。只有流过血的手指，才能弹奏出世间的绝唱。

海伦·凯勒是19世纪的一位奇人，她从小就集聋、哑、盲于一身，却凭着顽强的毅力，刻苦学习，奇迹般地学会了英语、法语、拉丁语和希腊语。她的著作被译成50余种文字，风靡五大洲。她接受了生命的挑战，用爱心去拥抱世界，以惊人的毅力面对困境，终于在黑暗中找到了人生的光明，最后又把慈爱的双手伸向全世界。

海伦从黑暗走到信心与希望中，张开她心灵的眼睛，这一过程中充满多少的辛酸与勇气。她从不尽的挫折中站起来挑战命运，走向希望与成功，走向人生的辉煌旅途。

屠格涅夫曾说过：一切不幸都是可以忍受的，天下没有逃不出的逆境。也就是说，在逃出身陷的逆境之后，就是一片光明。

那么，成功与挫折之间的关系又是怎样的呢？

当海伦睁开眼睛，发现自己竟然什么也看不见了，眼前一片黑暗时，她像被噩梦吓到一样，全身惊恐，悲伤极了。这样的挫折对一般人来说确实太大，但海伦在失望中没有绝望，她不断争取每一个学习的机会。其实挫折中包含了人们的心血和重新奋起的线索，只不过它是无形的罢了。如果过份看重眼前有形的东西，忽视乃至藐视无形的需要细细品味的东西，即使成功的花环绕在脖子上，也很难保证不会黯然失色的。

因此，成功与挫折是相互关联的，相互转化的，其实在饱受挫折之后，成功也已不远了。就像海伦在无声、无语、无光的生活中，我们似乎对她的

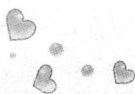

人生已绝望时，沙莉文老师的出现给予了海伦光明、希望、快乐和自由。事情就是这样，如果没有挫折，就不会想架起一座桥梁，那也就不会安然无恙地到达彼岸了。

正如奥斯特洛夫斯基所说的一段话：人的生命，似洪水奔流，不遇到岛屿与暗礁，难以激起美丽的浪花。随着时间的流逝，成功的喜悦如过往云烟，悄然远去，而挫折就像成年老酒，愈品愈有味道。

人生路，不平坦，有的人跌倒了便畏缩不前，轻易放弃了爬起来继续努力的念头；有的人跌倒了就爬起，在不断地跌倒和爬起中得到了锻炼，从而越走越稳，离成功也越来越近。面对命运的挑战，没有俯首称臣，而是"紧紧扼住命运的咽喉"，在人生的舞台上演绎辉煌。海伦成就辉煌，正是证明：生活总是倍加宠爱那些敢于向它挑战的人。你只有接受了挑战，成功的鲜花才会被置于你的怀中。逃避挑战的人，只会被生活海洋里无情的浪花所淹没，所取得的成功也只是镜花水月，海市蜃楼，终究会化成无声无息的泡沫消散。

（佚名）

一道物理题的答案

真正聪明的学生是最不轻易妥协的，他们会想出和老师不一样甚至相反的解题方式，并坚持到底。

一位物理导师想给他的一个学生答的一道物理题打零分，而他的学生则声称他应该得满分。这位学生认为，如果这种测验制度不和学生作对，他一定要争取满分。导师和学生同意将这件事委托给一个公平无私的仲裁人。试题是："试证明怎么能够用一个气压计测定一栋高楼的高度。"

学生的答案是："把气压计拿到高楼顶部，用一根长绳子系住气压计，然后把气压计从楼顶向楼下坠，直到坠到地面为止；然后把气压计拉上楼顶，测量绳子放下的长度。这长度即为楼的高度。"

这是一个有趣的答案，但是这学生应该获得称赞吗？被请去的仲裁人指出，这位学生应该得到高度评价，因为他的答案完全正确。另一方面，如果高度评价这个学生，就可以给他物理课程的考试打高分；而高分就证明这个学生知道一些物理学知识，但他的回答又不能证明这一点……

于是，仲裁人让这个学生用6分钟回答同一问题，但必须在回答中表现出他懂得一些物理学知识……在最后一分钟里，他赶忙写出他的答案，它们是：把气压计拿到楼顶，让它斜靠在屋顶有边缘处。让气压计从屋顶落下，让停表记下它落下的时间，然后用落下的距离等于重力加速度乘下落时间的平方的一半算出建筑物的高度。

看了这答案之后，仲裁人问物理老师他是否让步。老师让步了，于是仲裁人给了这个学生几乎是最高的评价。正当仲裁人要离开老师的办公室时，那个学生说他还有另外一个答案："利用气压计测出一栋建筑物的高度有许多办法。例如，你可以在有太阳的日子在楼顶记下气压表上的高度和它影子的长度，又测出建筑物影子的高、长度，就可以利用简单的比例关系，算出建筑物的高度。"

"很好，"仲裁人说，"还有什么答案？"

"有呀，"那个学生说，"还有一个你会喜欢的最基本的测量方法。你拿着气压表，从一楼登梯而上，当你登楼时，用符号标出气压表上的水银高度，这样你可以用气压表的单位得到这栋楼的高度。这个方法最直截了当。"

"当然，如果你还想得到更精确的答案，你可以用一根弦的一端系住气压表，把它像一个摆那样摆动，然后测出街面和楼顶的g值（重力加速度）。从两个g值之差，在原则上就可以算出楼顶高度。"最后他又说："如果不限制我用物理学方法回答这个问题，还有许多其他方法。例如，你拿上气压表走到楼房底层，敲管理人员的门。当管理人员应声时，你对他说下面一句话：'亲爱的管理员先生，我有一个很漂亮的气压表。如果你告诉我这栋楼的高度，我将把这个气压表送给您……'"

（佚名）

我已经祈祷过了

那位牧师不愿意跟耶稣"再来一次"，不愿意为我再来一次，不愿意为那些客栈酒馆再来一次，也不愿意为"遍及自由世界的千万人"再来一次。

这是一个矿坑灾难现场，38 名矿工受困在地底。

昼夜不停的白雪逐渐掩盖一切，连同为媒体所架设的电话亭。我跟摄影师卡塞师卡塞尔轮流替摄影机保温，每晚与 CBS 电台连线，提供"今夜世界新闻"节目中的报道。就在这时，27 岁的我发现了一个在电视新闻界大展身手的绝佳机会。

当参与救援的矿工轮流休息时，就会聚在一起烤火，火花随着雪花四处飘零；热气与黑烟冉冉上升，而那名 30 多岁的牧师，就在这时开始祈祷："以上帝之名，我们在此祈祷……"当牧师祈祷时，矿工们开始唱起诗歌：

何等朋友我主耶稣，

担我罪孽负我忧，

何等权利能将难处，

到主面前去祈求。

山区居民的虔诚信仰，噙着泪水的妇女与小孩，从天而降的皑皑白雪，以及从没听过的新教徒圣经诗歌。画面是如此动人，我已在心中盘算好如何呈现这则完美的特写报道，这则报道会在 CBS 电视新闻中播出，我的声音将穿越美国大陆，出现在农场、都市高楼大厦及西半球的酒店客栈，遍布所有的自由世界。

我的美梦没能持续太久，摄影机发出嘎嘎声———低温导致机油结冻。

我无助地站在原地，任凭这神圣的一刻在我眼前结束。我没有画面，没有特写，更没有世界级名声。我们把摄影机挪向烤火桶，当摄影机终于恢复正常，我立刻采取行动。

"牧师，"我恭敬地说，"我们的摄影机刚才出了一点问题，所以没有拍到您完美的祈祷。现在机器恢复正常了，我会请矿工们再唱一次诗歌。"

牧师一脸困惑。"可是我已经祈祷过了，孩子。"他说。

"牧师，我是 C—B—S—新闻的记者。"我特别强调自己的出处。

"我已经祈祷过了，"那名牧师回答，"再祈祷一次是不对的。这样做不诚实。"

我真不敢相信我所听到的话。不能再祈祷？拜托。我亲眼看过太多重复祈祷：无论是坠机或各种重大灾难现场，都有牧师、神父或宗教界要人，愿意为姗姗来迟的电视台记者二度撒圣水。这家伙究竟有什么问题？

"牧师，"我还是不放弃，"CBS 的 200 多个联播网电视台，都会播出您的祈祷；千万名观众都将目睹与聆听您的祈祷，与您一同祈求上帝拯救受困矿工。"我大言不惭地恳求。为了上全国性电视新闻，我已经到了不择手段的地步。

"不，"他说，"这样做不对！我已经向上帝祈祷过了。"他转身离去，留下 CBS 新闻小组颓丧地伫立于雪地。

我花了很长的时间才想通这件事。几个月后，我突然发现，那位牧师不愿意跟耶稣"再来一次"，不愿意为我再来一次，不愿意为那些客栈酒馆再来一次，也不愿意为"遍及自由世界的千万人"再来一次。他展现的，正是我毕生所见最伟大的道德勇气。

（佚名）

不要轻易拔去花间的草

蓦然间，我的心底涌入一股清爽的风———哦，即使是看似可有可无的草，也有着某些花所不具备的优点。

师大要毕业的那年，我被分配到一所中学实习，我所在的班级有几个孩子特别调皮，软硬不吃，总和我作对，弄得我哭笑不得，很尴尴尬尬。于是我就请我的指导老师帮忙，让他狠狠地教训他们一顿。指导老师听了我的要求，没有直接回答我，却给我讲了他的一段经历：

师大毕业，刚被分进中学，我便当上了班主任。班上有几个特别淘气的学生，老是影响班级的成绩，叫我很头痛，好几次我找校长，说最好把他们弄走，可校长始终不肯答应。

有一天，那几个孩子又给我惹事了，气的我跑到校长家里，跟他诉苦，说这几个差生，搅得我的班级不成样子，让我的一番心血都白费了，快把他们弄走吧。

校长是个花迷，他一边不停地给自己的花园里的各种花草浇水，一边笑着说："没那么严重吧？淘气的孩子身上也有优点嘛。"

"可我实在找不出他们身上的优点啊！"我急了。

"小伙子，慢慢来嘛！"校长不急不忙地在给一株名花搭着支架。

忽然，我发现在一片开的很旺盛的花朵中间，很明显地生长着几株野草。我伸手要去拔，校长拦住我。我不解地问为什么？

校长说："这片花里必须留着几株草，要不这花就不会开得这么好了。"

怎么会有这种怪事呢？我更加迷惑不解了。

校长解释道："这种花特别贪长，若没有几株草跟它们争养料，它们会长得很高，却开不出多少花；有了这几株草，它们就能恰到好处地生长，花开得多，开得艳。"

哦，原来是这样，我不由得多看了这几株平常的草。蓦然间，我的心底涌入一股清爽的风———哦，即使是看似可有可无的草，也有着某些花所不具备的优点啊！

后来，在我的热情帮助下，那几个淘气的孩子都有了根本的转变，我的班级成了最好的班级。在班主任的经验交流会上，我只说了一句话——千万不要轻易拔去花间的草。

（佚名）

人生美好在于相处

这场实验使我明白了一个人生的奥秘：生活的美好在于与人相处。

2003 年 7 月 29 日，40 岁的意大利洞穴专家毛里奇·蒙塔尔只身到意大利中部内洛山的一个地下溶洞里，开始长达 1 年的命名为"先锋地下实验室"的活动。

"先锋地下实验室"设在溶洞内的一个 68 平方米的帐篷内，里面除配备有科学试验用的仪器设备外，还设有起居室、卫生间、工作间和一个小小的植物园。在洞外山顶上的控制室里，研究人员通过闭路电视系统观察蒙塔尔一个人在长期孤独生活的情况下生理方面会产生哪些变化。

在 2000 多米深的溶洞里，周围死一般的寂静，刚开始 20 天左右，由于寂寞与孤独，蒙塔尔曾感到害怕，怀疑能否坚持到底，但是后来还是顶住了。

他给果树和蔬菜浇水，看书、写作或看录像。一年中，他吸了380盒香烟，看了100部录像片。实验室内还备有一辆健身自行车，他共骑了1600多公里。

度过了1年多暗无天日的地下生活后，蒙塔尔于2004年8月1日重见天日。这时，他的体重下降了21公斤，脸色苍白而瘦削，人也显得憔悴，免疫系统功能降到最低点；如果两人同时向他提问，他的大脑就会乱；他变得情绪低落，不善与人交谈。虽然他渴望与人相处，希望热闹，但他的确已丧失了交际能力。

蒙塔尔说：在洞穴里度过了1年，才知道人只有与人在一起的时候，才能享受到作为一个人的全部快乐。过去，我是一个喜欢安静的人，常常倾向于独处。现在，让我在安静与热闹之间选择，那我宁可选择热闹，而不要孤寂。我之所以在洞穴中坚持了1年，只是为了搞科学试验。我丧失了许多与人交往的能力，这需要在今后的生活中重新纠正。但我不后悔，因为这场实验使我明白了一个人生的奥秘：生活的美好在于与人相处。

（佚名）

最出色的地方

　　一个人也需要技巧和智慧，但最不能缺少的，是原则和信念。这就是一个间谍最本位最出色的地方，所以我们从没怀疑她是一位优秀的间谍。

　　有一个流亡海外的女孩子，因为能讲一口流利的英语和法语被英国特工组织看中，加入了英国的特工组织。她其实并不适合特工工作，性情急躁，所有同事都不看好她，认为她做间谍，无疑是为敌国送上一座秘密的宝矿。

正在这时，英国在法国的一个秘密电台被纳粹分子破坏，因为电报员奇缺，她被暂时派遣到法国从事电报收发工作。果然，正如大家所预测的，所有的训练过程都对她没有丝毫用处。组织上让她拿一份敌国驻军图送给地下交通员。她到了接头地点后，怎么也想不起接头暗号，情急之下，索性把地图展开，对着来来往往的人群进行试探："你对这张地图感兴趣吗?"幸运的是，她很快遇上了两位地下交通员，他们扮作精神病人迅速地掩盖了这个可怕而致命的错误。

不仅如此，她认为越是繁华的地段越是安全，于是自作主张把秘密电台搬到了巴黎的闹市区，可是她不知道，盖世太保的总部就在离她一街之远的地方，如果在晚上，盖世太保们甚至能听见她发报的声音；终于在一天夜里，盖世太保们把这个胆大妄为正在发报的间谍逮捕了。英国特工员得知她被捕之后，都后悔不已，如果这个天真的姑娘在盖世太保的刑具下毫无保留地说出一切，那么对在法的特工组织将是一个重创。出乎意料，盖世太保们用尽了种种残酷的刑法，都无法撬开她的嘴。盖世太保对这个外表柔弱被折磨得半死的女孩简直起敬了。

她的名字叫努尔，曾是一位印度王族的娇贵女儿。二战结束后，英国政府追授她乔治勋章和帝国勋章。这样一个不称职的间谍获得英国政府的最高奖赏，官方的解释是："对敌国而言，梦寐以求的是间谍的背叛，这等于无形的巨大宝藏。但这个很笨的女孩儿，至今都没有吐露一个字。一个人也需要技巧和智慧，但最不能缺少的，是原则和信念。这就是一个间谍最本位最出色的地方，所以我们从没怀疑她是一位优秀的间谍。"

（佚名）

第一声喝彩

在生活的长河里徜徉，谁都会有拿不准的时候，感觉自己没分量，快被命运冲走，若是此时传来一个振奋的声音，也许这个人就会成为一座大山。

我家附近有户带院子的普通住家，女主人拖儿带女，有点早衰。她家的院子里种满了花，有时女主人就采些花插在一个水桶里在门口出售口出售。我曾在那儿买过大红的康乃馨、黄色的玫瑰，每次，她把花束递过来时，我都能看见她那双粗糙的花农的手。

有一天黄昏，我路过那儿，看见院子里有两株玫瑰开得实在灿烂。它们的花瓣红得像火焰，我指着它们说想要。女主人摇摇头，说每年最好的两朵玫瑰她都要采摘下来寄给远方的两个女儿。女主人的丈夫是个老实巴交的人，他絮絮叨叨地埋怨妻子太落伍，认为还不如卖掉实惠，寄一包玫瑰花瓣给女儿毫无意思。可女主人执拗地摇摇头，眼里闪过与她年龄不相称的羞怯。

翌日清早，我又路过那个鲜花盛开的院子，女主人正守着那两枝挑出的红玫瑰，一脸的慈爱，那种真情流露有一种晶莹剔透的美丽。我忍不住告诉她：我被感动了，我正在心里为她喝彩。

女主人很吃惊，微微开启的唇中没说出一个字，连老花眼镜滑下来也没发现。然后，她再见到我时，眼里充满亲切的神情。有一次她一定要送我一束黄玫瑰，说："从来没人这么说过我。"我回家把玫瑰数了数，一共十朵，我把其中的一朵送给楼下的漂亮女孩，剩余九朵插入花瓶。那九朵玫瑰代表着我内心的企盼：让我们每个人的生活中都有地久天长的喝彩声。因为我深知，每一声喝彩对一个人意味着什么。

　　在生活的长河里徜徉，谁都会有拿不准的时候，感觉自己没分量，快被命运冲走，若是此时传来一个振奋的声音，也许这个人就会成为一座大山。也有人将人生比作球赛，若两旁没有真诚的喝彩，这场球赛如何精彩得了！记得我在念初中时有过一个同桌，她牙齿长歪了，说话爱像男生那么骂骂咧咧，打蚊子像拍手鼓掌一样噼啪作响。我不喜欢她的粗鲁，我们两个有过相互肩碰肩坐着却一连半个月没开口说话的记录。

　　在一次作文评比中，我的一篇精心之作没评上奖，名落孙山，我为此心灰意冷，带着一种挫折感把那篇作文撕成碎片。这时，我那位假小子同桌忽然发出愤怒的声音，她说那篇作文写得很棒，谁撕它谁是有眼无珠。

　　她其实是在说反话表示对我的喝彩。那是我写作生涯中的第一位喝彩者，那一声叫好等于是拉了我一把，记得当时我流出了泪水。

　　那位同桌后来仍然不改好战的脾气，我俩也时常有口角，相互挑战，耿耿于怀。然而我至今难忘这个人，因为她的第一声喝彩就像一瓢生命之水，使我心中差点枯萎的理想种子重新发芽、开花、结果。而且，当我回首往事时，都会遗憾当时为何不待她更温和一些，因为她是我生活中的一道明媚的阳光。

　　也时常有人跑来谢我，说是我的某一句肯定的话，使他眼前豁亮了。其实，我早忘了我曾为他喝过彩。不过，那也无妨。当我们看到别人生命中的亮色，不妨就大声喝彩。这样不仅使对方变得完美，生活充满爱，也使我们的心灵变得博大。因为只有诚实而又热忱的人才会由衷地为别人喝彩。

（佚名）

为自己站起来

　　在英国孤独的日子里，我学会了坚强；在被同学排斥的时候，我清楚地了解到：只有学会为自己"站起来"，才对得起自己，也才会得到大家的认可和尊敬。

　　我是一个独生女。在家里，不仅爸爸妈妈爷爷奶奶宠着我，还有一群爱护我关心我的好朋友陪伴左右，永远在我最需要的时候给我鼓励和励和支持。初到英国，我失宠了。围在我身边的不再是一双双关怀的黑眼睛，换来的是一双双陌生而高傲的蓝眼睛。

　　我努力地想要融入英国同学的朋友圈子。然而，无论我如何地努力，她们总是以冷漠的眼神把我的热情拒之门外，也常常忽略我的存在。

　　但是，为了不惹是生非，为了要融入英国同学的圈子，我还是对每一个人抱着最平易近人的态度。学校有个规定：二、四、六下午四点至六点和晚上九点至十点是VistingNights，也就是男女生互访的时间。有一天晚上互访时，我们一帮男女生在宿舍里玩Twister的游戏。这是他们从小玩到大的游戏。规则是在地上铺上一张画有红黄绿蓝四种颜色圈圈的塑料布，由一个人转转盘，转盘分成四格，上面写着：左手、右手、左脚、右脚，并在每一格里画上四种颜色的圈圈。其余的游戏者要按照转盘的指示把手或脚放到相应颜色的圈圈里。比如说：转到左手绿色，游戏者就必须把左手放到绿色的圈圈里。这个游戏十分适合一群人玩，而且玩起来也十分搞笑。虽然我从来没玩过，但看一会儿也看得明白，就跃跃欲试地加入到排队的行列。轮到我的时候，那个转转盘的男孩子竟然看也不看我，就说："汉娜，轮到你了，珍妮弗不会明白这游戏的。"

　　我实在忍无可忍，心底里积压的不满瞬间爆发了出来："你凭什么这样？

我当然会玩这个愚蠢的游戏。你们为什么总是忽略我？我不是透明的！"

顿时，嘈杂的房间安静了下来。大家瞪大了眼睛看着我，每一双眼睛里都流露出无比惊讶的神情。我自己也被这突如其来的反应吓了一跳，实在不敢相信自己刚才说的话。

两秒钟的寂静之后，突然有人带头鼓起掌来："哇，珍妮弗，刚才真的酷呆了！"

由于她的带动，掌声由稀稀落落变成阵阵雷响，大家纷纷为我刚才反驳的举动欢呼。那个转转盘的男孩灰溜溜地坐在一旁不作声。

带头鼓掌的女孩子走到我身边，在我耳边说："你做得棒极了。你必须为自己挺身而出，为自己站起来。我现在才真正认识你。"

她就是乔安娜，是全校最漂亮最有个性且最爱出风头的女孩，也是我在以后两年的日子里最要好的英国朋友。在这之后，英国同学接纳了我，我也自然融进了英国同学当中，不再是一只失宠的绵羊。在英国孤独的日子里，我学会了坚强；在被同学排斥的时候，我清楚地了解到：只有学会为自己"站起来"，才对得起自己，也才会得到大家的认可和尊敬。

（佚名）

不要告诉人家你比他聪明

我以谦虚的态度来表达自己的意见，不但容易被接受，更减少了一些冲突。

如果你想知道一些有关处理人际关系、控制自己、完善品德的有益建议，不妨看看本杰明·富兰克林的自传——它是最引人入胜的传记之一，也是美国

的一本名著。

在这本自传中，富兰克林叙述了他如何克服好辩的习惯，不在任何时候都表现得比别人聪明，使自己成为美国历史上最能干、最和善、最老练的外交家的。

当富兰克林还是个毛躁的年轻人时，有一天，一位教会的老朋友把他叫到一旁，尖刻地训斥了他一顿："本，你真是无可救药。你已经打击了每一位和你意见不同的人。你的意见变得太珍贵了，没有人承受得起。你的朋友发觉，如果你在场，他们会很不自在。你知道的太多了，没有人再能教你什么，也没有人打算告诉你些什么，因为那样会吃力不讨好的，而且又弄得不愉快。因此，你不能再吸收新知识了，但你的旧知识又很有限。"

富兰克林的优点之一，就是他接受那次的教训。他已经能成熟、明智地领悟到他的确是那样，也发觉他正面临失败和社交悲剧的命运。他立刻改掉了傲慢、粗野的习惯。

"我立下一条规矩，"富兰克林说，"决不准自己太武断。我甚至不准自己在文字或语言上有太肯定的意见表达，比如。'当然'、'无疑'等等，而改用'我想'、'我假设'、'我想象一件事该这样或那样'或'目前，我看来是如此'。当别人陈述一件事而我不以为然时，我决不立刻驳斥他或立即指正他的错误。我会在回答的时候，表示在某些条件和情况下，他的意见没有错，但在目前这件事上，看来好像稍有两样等等。我很快就领会到我这种改变态度的收获：凡是我参与的谈话，气氛都融洽得多了。我以谦虚的态度来表达自己的意见，不但容易被接受，更减少了一些冲突。我发现自己有错时，我没有什么难堪的场面。而我自己碰巧是对的时候，更能使对方不固执己见而赞同我。"

"我最初采用这种方法时，确实和我的本性相冲突，但久而久之就逐渐习惯了。也许50年来，没有人听我讲过些什么太武断的话，这是我提交新法案或修改旧条文能得到同胞的重视，而且在成为民众协会的一员后具有相当影响力的重要原因。我不善辞令，更谈不上雄辩，遣词用字也很迟疑，还会说错话，但一般说来，我的意见还是能得到广泛的支持。"

（佚名）

勇敢面对错误

　　为了恐惧错误而固步自封，或是因为过去的决策的错误，造成重大损失，而自己裹足不前，岂不正如前述那位教授出版空白纸张一般？

　　有一位着名的生物学权威教授拉塞特，看到生物学的着述都错误百出，于是教授宣称他决定出版一本内容绝无错误的生物学巨着。

　　经过一段时间，在众人引颈期待中拉塞特教授的生物学巨着终于出版了，书名叫做《夏威夷毒蛇图鉴》。许多钻研生物学的人，迫不及待地想一睹这本号称"内容绝无错误"的生物学巨着。

　　但每个拿到这本新书的人，在翻开书页的时候，都不禁为之一怔，每个人几乎不约而同地急忙翻遍全书。而看完整本书后，每个人的感觉也全都相同，脸上的表情亦是同样的惊愕。

　　原来整本的《夏威夷毒蛇图鉴》，除了封面几个大标题的大字之外，内页全部是空白。也就是说，整本《夏威夷毒蛇图鉴》里，全都是白纸。

　　大批记者涌进拉塞特教授任职的研究所，七嘴八舌地争相访问教授，想弄清楚这究竟是怎么一回事。

　　面对记者的镁光灯，拉塞特教授轻松自若地回答："对生物学稍有研究的人都知道，夏威夷根本没有毒蛇，所以当然是空白的。"

　　拉塞特教授充满智慧的双眼，闪烁着奇特的光芒，继续道："既然整本书是空白的，当然就不会有任何错误了，所以我说，这是一本有史以来，唯一没有错误的生物学巨著。"

　　拉塞特教授的幽默感，你能领会吗？

为了恐惧错误而固步自封，或是因为过去的决策的错误，造成重大损失，而自己裹足不前，岂不正如前述那位教授出版空白纸张一般？重要的是，我们的人生焉能留白？生命笔记当中，还有无数的空白页面，有待我们勇敢地提起行动的彩笔，让它成为一页又一页丰富灿烂的精美图鉴。

（佚名）

心中的 18 个洞

身处绝境时，你心里是否还有追求，是否还有力量去追求？如果是，你会采用什么样的办法让自己不轻言放弃，坚持到底？

詹姆斯·纳斯美瑟少校梦想在高尔夫球技上能够突飞猛进，于是他发明了一种独特的方式以达到目标。在此之前，他的水平和一般在周末才练的人差不多，水准在中下游之间，94 杆左右。这以后的七年间他几乎没碰球杆，没踏进球场。

而这七年间，纳斯美瑟少校用了令人惊叹的先进技术来增进他的球技——这个技术人人都可以效法。运用这种方法，在他复出后第一次踏上高尔夫球场，他就打出了叫人惊讶的 74 杆！这比他以前打的平均杆数还低 20 杆，而他已七年未上场！真是难以置信。

不只如此，他的身体状况也比七年前好。

纳斯美瑟少校的秘密何在？就在于"心像"。

你可知道，少校这七年是在越南的战俘营度过的。七年间，他被关在一个只有 4 尺半高、5 尺长的笼子里。

绝大部分的时间他都被囚禁着，看不到任何人，没有人说话，也没有任何体能活动。前几个月他什么也没做，只祈求着赶快脱身。后来他意识到必须发现某种方式，使之占据心灵，不然他会发疯或死掉，于是他学习建立"心像"。

在他的心中，他选择了最喜欢的高尔夫球，开始打起高尔夫球。每天，他在梦想中的高尔夫乡村俱乐部打 18 洞。他体验了一切，包括细节。他看见自己穿了高尔夫球装，闻到绿树的芬芳和草的香气。他体验了不同的天气状况——有风的春天、昏暗的冬天和阳光普照的夏日早晨。在他的想象中，球台、草、树、啼叫的鸟、跳来跳去的松鼠、球场的地形都历历在目。

他感觉自己的手握着球杆，练习各种推杆与挥杆的技巧。他看到球落在修整过的草坪上，跳了几下，滚到他所选择的特定点上，一切都在他心中发生。

而在真正的世界中，他无处可去。所以他在心中一步一步向着小白球走，好像他的身体真的在打高尔夫球一样。在他心中打完 18 洞的时间和现实中一样，一个细节也不能省略。他一次也没有错过挥杆左曲球、右曲球和推杆的机会。

一周七天，一天 4 个小时，18 个洞，七年，少了 20 杆，他打出 74 杆的成绩。

（佚名）

微笑着面对苦难

黄美廉说，虽然我们有时候困惑、灰心、失望，但这些终将过去，因着我们所经历的，我们可以去安慰与教导那些和我们有同样遭遇的人，而且活得更有信心、更有力量，从失败的经验才知道如何去拥有和珍惜更大的成功。

她站在台上，不时不规律地挥舞着她的双手；仰着头，脖子伸得好长好长，与她尖尖的下巴扯成一条直线；她的嘴张着，眼睛眯成一条线，诡谲地看着台下的学生；偶然她口中也会依依唔唔的，不知在说些什么。她是一个不会说话的人，但是，她的听力很好，只要对方猜中，或说出她的意见，她就会乐得大叫一声，伸出右手，用两个指头指着你，或者拍着手，歪歪斜斜地向你走来，送给你一张用她的画制作的明信片。

她就是黄美廉，一位自小就患脑性麻痹的病人。

这个病夺去了她肢体的平衡感，也夺走了她发声讲话的能力。从小她就活在肢体不便及众多异样的眼光中，她的成长充满了血泪。然而她没有让这些外在的痛苦击败她内在奋斗的精神，她昂然面对，迎向一切的不可能。终于获得了加州大学艺术博士学位，她用她的手当画笔，以色彩告诉人"寰宇之力与美"，灿烂地"活出生命的色彩"。全场的学生都被她不能控制自如的肢体动作震慑住了。这是一场倾倒生命、与生命相遇的演讲会。

"请问黄博士，"一个学生小声地问，"你从小就长成这个样子，请问你怎么看你自己？你没有怨恨吗？"

"我怎么看自己？"美廉用粉笔在黑板上重重地写下这几个字。她写字时用力极猛，大有力透纸背的气势。写完这个问题，她停下笔来，歪着头，回头看着发问的同学，然后嫣然一笑，回过头来，在黑板上龙飞凤舞地写

了起来:

一、我好可爱!

二、我的腿很长很美!

三、爸爸妈妈这么爱我!

四、上帝这么爱我!

五、我会画画!我会写稿!

六、我有只可爱的猫!

七、还有……

八、……

忽然,教室内鸦雀无声,没有人讲话。她回过头来定定地看着大家,再回过头去,在黑板上写下了她的结论:"我只看我所有的,不看我所没有的。"

掌声响起,看着美廉倾斜着身子站在台上,满足的笑容从她的嘴角荡漾开来,眼睛眯得更小了,有一种永远也不被击败的傲然,写在她脸上。

(佚名)

每个人的怪兽

我们总是在偶然拾起,背负前行,忽然发现,痛苦衡量,狠心抛下的循环中与怪兽们斗争。其实问题真正的重点应该是不让怪兽的爪子将我们紧紧地抓住。

很小的时候,在广播中听到一个故事。从开始以为荒诞不经,到现在觉得匪夷所思,用了十几年的人生阅历来反复品味,却越来越觉得这这个故事是如此神奇和高明。

故事讲的是，一个旅者，来到一片没有路、没有草甚至连一株蒺藜都没有的大漠，在广阔灰暗的天空下，他看到一群人排成一队，从远处走来，向远处走去。所有人都是驼背，因为他们每个人的背上都背着一个巨大的怪兽。怪兽丑陋而狰狞，有力而有弹性的肌肉把人紧紧地贴着，并用巨大的前爪抠住背负者的胸膛，以便它的大脑袋能紧压在人的额头上。旅者问他们，这样匆忙是要去哪儿。所有的人都茫然不知。但是很明显，他们是要去什么地方，是被一种强烈而不可控制的欲望所驱使和推动着。

最奇怪的是这些人没有一个对压在自己身上的怪兽感到愤怒。相反，他们似乎认为这怪兽是自己的一部分。他们的表情疲惫而严肃，没有露出绝望。但却一直是无可奈何、注定要永远地走下去的神情。他们就这样不停地向前走着，脚陷在沙中，很快，风沙就淹没了他们的足迹，直到天际。

现实中，我们每个人又何尝不是时时背负着怪兽却又不自知呢。

问题的关键又不在于是否自知，因为我们的欲望如此之多，一生中难免会有几次有意或者无意地背负上怪兽，有时发现了怪兽的存在，将之狠狠摔在地上，可不知不觉间或许就又背上一只或者更多的怪兽，就这样周而复始。我们总是在偶然拾起，背负前行，忽然发现，痛苦衡量，狠心抛下的循环中与怪兽们斗争。其实问题真正的重点应该是不让怪兽的爪子将我们紧紧地抓住，当我们沉迷于什么的时候，多问问自己是不是开始背负上怪兽了，是不是为它而不是为自己而前行了。

人生路上，请在怪兽永远地抓牢你之前识别它并采取措施，只有这样，我们才能轻松前行。

（佚名）

如果你比对手专注

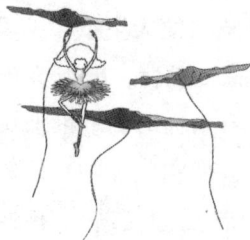

松鼠不睡觉的时候，98%的时间都用于寻找食物。在专一的用心面前，智慧的大脑、优势的体格节节败退！

我的朋友比尔是个成功的演说家和作家，喜欢在闲暇时间观察鸟类。几年前，比尔买了一幢新房子，附近草木葱茏。入住后的第一个周末，他就在后院里装了个喂鸟器。就在当天日暮时分，一群松鼠弄倒了喂鸟器，吃掉里面的食物，把小鸟吓得四散而去。在接下来的两周里，比尔绞尽脑汁想出各种办法让松鼠远离喂鸟器，就差没有使用暴力了。但丝毫不能起作用。

万般无奈之下，他来到当地一家五金店。在那儿他找到了一种与众不同的喂鸟器，带有铁丝网，还有个让人动心的名字，叫"防松鼠喂鸟器"。这回可保万无一失，他买下它并安装在后院里。但天黑以前，松鼠又大摇大摆地光顾了"防松鼠喂鸟器"，照样把鸟儿吓跑了。

这回比尔一败涂地。他拆下喂鸟器，回到五金店，颇为气愤地要求退货。五金店的经理回答说："别着急，我会给你退货的，不过你要理解：这个世上可没有什么真正的'防松鼠喂鸟器'。"比尔惊奇地问："你想告诉我，我们可以把人送到太空基地，可以在几秒钟之内把信息传到全球任何一个地方，但我们最尖端的科学家和工程师都不能设计和制造出一个真正有效的喂鸟器，可以把那种脑子只有豌豆大的啮齿类小动物阻挡在外？你是想告诉我这个吗？"

"是啊，"经理说，"不过没花你那么长时间。"比尔好奇心更盛，请他说得仔细些。店铺经理说："先生，要解释，我得问你两个问题。首先，你平均每天花多少时间，让松鼠远离你的喂鸟器？"比尔想了一下，回答说："我

不清楚，大概每天 10 到 15 分钟吧。"

"和我猜的差不多，"那位经理说，"现在，请回答我第二个问题："你猜那些松鼠每天花多少时间来试图闯入你的喂鸟器呢?"

比尔马上会意：在松鼠醒着的每时每刻。

这个故事激发了我浓厚的兴趣，我甚至特意对松鼠进行了一番研究。原来松鼠不睡觉的时候，98%的时间都用于寻找食物。在专一的用心面前，智慧的大脑、优势的体格节节败退！

（佚名）

每个人都可以拾到很多麦穗

只要认真寻找，一枝枝幸福的麦穗就在自己手里。

有一段时间我很无聊，觉得日子那么灰色，每天上班下班，拿一份固定的薪水，看领导脸色，朋友越来越少，大家各忙各的，如果这样下样下去，我怕自己会提前老龄化。但与我同龄的娟子却活得那么生机盎然，我甚至怀疑我们之间是否有了代沟。我约了她，在一个酒吧里，我们谈了一个下午。那个下午，我和娟子喝着一种叫莲花香的茶，慢慢谈着人生。娟子说，其实，每个人都有和生活隔阂的那一段，接着，她讲了自己的故事——

刚毕业那阵，因为找不到工作，我常常感觉十分郁闷，所以，回到家常常会把自己关在屋里。一个学中文的女孩子，竟然找不到一份合适的工作，这让我怀疑自己是不是真的选错了专业。

那时外婆还活着，当我把自己关在屋里时她总是来敲我的门，我在屋里嚷着我累了，能不能让我休息一会，无名的怒火总是乱发。外婆其实是一个慈爱的人，一生劳碌奔忙，外公去世早，她一个人把四个孩子拉扯大，又在非常年月中遭到冲击。妈妈和我说，就是在最艰难的时候，你外婆还是微笑着养着几盆串红，外婆说，有那几盆红艳艳的花，心里就觉得温暖。

出来吃饭时外婆盯着我说，记得小时候跟我去麦田里拾麦穗吗？

我低头吃着饭，不知道吃饭和拾麦穗有什么联系，茫然地点着头，想是不是去照一组艺术照贴在简历后面，好多女生都是这样做，有的还袒胸露背，还有的说自己的长项是喝酒。

外婆接着说，那时很多人去拾麦穗，有人拾得多，有人拾得少，但只要弯下腰，只要努力去找，每个人都会拾到麦穗的。

说完，外婆走了，背影很安宁。这个吃了一辈子苦的老太太告诉我，只要仔细地寻找，一定会找到麦穗的。

我心头一阵哽咽，外婆是要告诉我不要灰心，要努力地寻找机会啊。

接下来的那些日子，我不再抱怨，而是踏下心来和那些有意向的公司联系着。终于，我找到了一份比较合适的工作，虽然薪水不太高，但我很喜欢。

外婆在我22岁生日那天又对我说，虽然每个人都能拾到麦穗，但是，要想拾得多，就要付出更多的努力才行。

是啊，去和外婆拾麦穗时，没有人比她拾得更多。她总是会在拾割后的麦子地里拾起那些散落的麦穗，而我们往往只举着几枝。

以后的几年，我一直记得外婆的话，只要努力，就会拾到更多的麦穗。

果然，几年后我做得很出色，有了自己的一个创意公司，手下也有了员工，并且被人称为成功人士，但外婆却离开了我……

听完娟子的故事，我知道自己没怎么弯腰，相比较而言，我比娟子幸运得多，大学分配靠父母的关系做了国家公务员，然后一路稳妥地恋爱结婚，不再努力上进，所以，觉得生活无聊是件太正常的事情吧！

和娟子约会后，我和几个人组织了一个自助旅游队，自己驾车去拍片子，这是以前很向往却没有做的事情。我还和别人搞了一次摄影展，还学会了手工刺绣，时间终于在我的支配下变得忙碌起来，每天的生活那么鲜活。原来，只要认真寻找，一枝枝幸福的麦穗就在自己手里啊。

（佚名）

恢复生命的弹性

只要摘下生活中那些缺少价值的砝码，我们的生命又会恢复先前的弹性。

有一个中年男子去看心理医生。他在一家公司任职，原本他有很大的希望晋升为业务部主管，但一个与他暗中竞争的同事，竟然将他以前以前工作中所出现的失误全部罗列起来，递交给了董事长。他升职的希望就此作罢。而最令他不能容忍的，是他的妻子对他十分不理解。现在，他的精神几乎要崩溃了。

听到这儿，心理医生笑着问："那么在你身边一定有另外一个女人理解你，是吗？"他信服地点了点头。

这时，心理医生拿出一个细细的橡皮圈和两个带挂钩的砝码，把那两个砝码挂在了橡皮圈上面，两个砝码的重量几乎把橡皮圈绷紧到了极限，如果稍一用力，就会有断裂的可能。中年男子只是疑惑地看着医生怪异的举动。

这时，医生问他："那个陷害你的同事升职了吗？"

他摇了摇头。

这时，医生问他："那个同事所说的事情是否真实？"

他思忖了一会儿，回答说："应该有一半是事实吧。"

医生笑了，说："既然他也没有升职，而且还给你指出了那么多的不足，那么你不但不该仇视他，还应该感谢他呢。如果你以后把自己出现失误的地方全部做好，他还会说什么呢？"

那个男子赞同地点了点头。医生随手摘下一个砝码，橡皮圈顿时弹回去一大半。

接着，医生又问："你的妻子不理解你，那么你们之间感情的裂痕已到了无可挽救的地步了吗？"

他又摇了摇头，"感情上还算过得去，至少我还有一个很乖很争气的女儿。"

医生问："就是说，即使另外一个女人再理解你，你暂时也不可能下定决心和她生活在一起，是吗？"

沉默了一会儿，那个男子如实地点了点头，医生畅然笑了起来，又把另一个砝码从橡皮圈上摘了下来。然后，心理医生将那个恢复原状的橡皮圈递给了他，并解释道："现在，你已经没有一点负担了，又恢复了先前的弹性。你还是那个完整无缺的'橡皮圈'呀。"

听到这儿，那个男子才恍然大悟。是啊，只要摘下生活中那些缺少价值的砝码，我们的生命又会恢复先前的弹性！

（佚名）

谁是最忠诚的人

在现实中真正对你忠诚的，都是曾经给过你恩惠的人。

贾迪·波德默是一名犹太人，他在商界的成功史已没人知道，因为他没留下任何文字性的东西，然而，他在危难时期的一个决定，却让世人永远记住了他。

1942年3月，希特勒下令搜捕德国所有的犹太人，68岁的贾迪·波德默召集全家商讨对策，最后想出一个没有办法的办法，向德国的非犹太人求助，争取他们的保护。

办法定下来之后，接下来是选择求生的对象。两个儿子认为，应该向银行家金·奥尼尔求助，因为他一直把波德默家族视为他的恩人。在不同的场合，他也曾多次表示，如果有什么需要帮助的，尽管找他。

波德默家族拥有潘沙森林的采伐权，在欧洲是数得着的木材供应商。金·奥尼尔是一家银行的小股东，他是在波德默家族的资助下发家的。40年来，为了支持他打败竞争对手，波德默家族的钱，从来都没有存入过其他的银行，就是到事发的时候，他的银行里还存有波德默家族的54万马克。现在波德默家族遇到了灭顶之灾，向他求助，他怎会袖手旁观？

68岁的老人却不是这种意见，他认为应该向拉尔夫·本内特求助，他是一位木材商人，波德默家族的人是跟他打工起家的，后来是经过他的资助，波德默才有了今天的家业。现在虽然很少往来，但心理上从没断绝过感激和思念。

最后，老人说，你们还是去求助拉尔夫·本内特先生吧！虽然我们欠他的很多。

第二天一早，两个儿子出发了。在路上，二儿子说，我们不能去本内特先生那儿，上次我见他时，他还提那700吨木材的事。要去，你去吧！我要去求奥尼尔。最后，二儿子去了银行家那儿，大儿子去了木材商的家。

1948年7月，一个叫艾森·波德默的人，从日本辗转回到德国，去寻找他的家人，最后一无所获。后来，他从纳粹档案中查到这么一条记录：银行家金·奥尼尔来电，家中闯入一年轻男子，疑是犹太人。一年后，他又于奥斯维辛集中营的死亡档案中，查到他父亲、母亲、妻子、弟妻及六个孩子的名字，他们是在他和弟弟分手后第四天被捕的。

1950年1月，艾森·波德默定居美国，于2003年12月4日去世，终年83岁。他留下了一部回忆录、两个儿子、三个女儿和九个孙子、孙女。他的回忆录主要讲述了他在木材商本内特的帮助之下，怎样偷渡日本，保全性命的。该书的封面上写着：献给父亲贾迪·波德默先生！封底写着：许多人认为，要赢得他人的忠诚，最好的办法是给其恩惠。其实，这是对人性的误解，在现实中真正对你忠诚的，都是曾经给过你恩惠的人。

（佚名）

态度的魔力

一个人要成功，除了努力之外，必须具备正确的态度。

态度是一件奇妙的东西，它会产生神奇的力量。美国哈佛大学的一项实验，证实了态度的魔力。

若干年前，罗伯特博士在哈佛大学主持一项为期六周老鼠通过迷阵吃干酪的实验，其对象是三组学生与三组老鼠。

他对第一组学生说："你们太幸运了，因为你们将跟一群天才老鼠在一起。这群聪明的老鼠将迅速通过迷阵抵达终点，然后吃许多干酪，所以你们必须多准备些干酪放在终站。"

他对第二组学生说："你们将跟一群普通的老鼠在一起。这群平庸的老鼠最后还是会通过迷障抵达终点，然后吃一些干酪。因为它们智能平平，所以期望不要太高。"

他对第三组学生说："很抱歉，你们将跟一群笨老鼠在一起。这群笨老鼠的表现会很差，不太可能通过迷障到达终点，因此你们根本不用准备干酪。"

六个星期之后，实验结果出来了。天才老鼠迅速通过迷阵，很快就抵达终点；普通老鼠也到达终点，不过速度很慢；至于愚笨的老鼠，只有一只通过迷障抵达终点。

有趣的是，其实根本没有什么天才老鼠与笨老鼠，它们全都是同一窝的普通老鼠。这些老鼠之所以表现有天壤之别，完全是因为实验的学生受了罗伯特博士的影响，对他们态度不同所产生的结果，学生们当然不懂老鼠的语言，然而老鼠知道学生对它们的态度。

此一实验证明了态度的神奇力量。因此，一个人要成功，除了努力之外，

必须具备正确的态度。

（佚名）

给自己树一面旗子

> 信念值多少钱？信念是不值钱的，它有时甚至是一个善意的欺骗，然而你一旦坚持下去，它就会迅速升值。

罗杰·罗尔斯是美国纽约州历史上第一位黑人州长。他出生在纽约声名狼藉的大沙头贫民窟。这里环境肮脏，充满暴力，是偷渡者和流浪流浪汉的聚集地。在这儿出生的孩子从小就逃学、打架、偷窃、甚至吸毒，长大后很少有人从事体面的职业。然而，罗杰·罗尔斯是个例外，他不仅考入了大学，而且成了州长。

在就职的记者招待会上，一位记者对他提问：是什么把你推向州长宝座的？面对三百多名记者，罗尔斯对自己的奋斗史只字未提，只谈到了他上小学时的校长——皮尔·保罗。

1961 年，皮尔·保罗被聘为诺必塔小学的董事兼校长。当时正值美国嬉皮士流行的时代，他走进大沙头诺必塔小学的时候，发现这儿的穷孩子比"迷惘的一代"还要无所事事。他们不与老师合作，旷课、斗殴、甚至砸烂教室的黑板。皮尔·保罗想了很多办法来引导他们，可是没有一个是奏效的。后来他发现这些孩子都很迷信，于是在他上课的时候就多了一项内容——给学生看手相。他用这个办法来鼓励学生。

当罗尔斯从窗台上跳下，伸着小手走向讲台时，皮尔·保罗说："我一看你修长的小拇指就知道，将来你是纽约州的州长。"当时，罗尔斯大吃一惊，因为长这么大，只有他奶奶让他振奋过一次，说他可以成为五吨重的小船的船长。这一次，皮尔·保罗先生竟说他可以成为纽约州的州长，着实出乎他的预料。他记下了这句话，并且相信了它。

从那天起，"纽约州州长"就像一面旗帜，罗尔斯的衣服不再沾满泥土，说话时也不再夹杂污言秽语。他开始挺直腰杆走路，在以后的四十多年间，他没有一天不按州长的身份要求自己。五十一岁那年，他终于成了州长。

在就职演说中，罗尔斯说："信念值多少钱？信念是不值钱的，它有时甚至是一个善意的欺骗，然而你一旦坚持下去，它就会迅速升值。"

在这个世界上，信念这种东西任何人都可以免费获得，所有成功的人，最初都是从一个小小的信念开始的。信念就是所有奇迹的萌发点。

（佚名）

价值三千万美元的梦想

我想假如这个梦想是属于你们的，你们也一定会认为这个梦想已经融入了你们的生命之中，已经和你们的生活、你们的命运紧密相连，密不可分。

2002年11月28日，是美国特有的节日——感恩节。

在这个节日到来的前三天，芝加哥市一位名叫赛尼·史密斯的中年男子向当地法院递交了一份诉状，要求赎回自己去埃及旅行的权利。应该说，这样的诉求在美国社会十分普通。然而，不知是因为它涉及的内容不同一般，还是别的什么原因，总之，该案在美国社会引起了轩然大波，以至于到目前为止，仍是新闻媒体追逐的热点。

　　这起案子的案情十分简单。它发生在 40 年前，当时赛尼·史密斯才 6 岁，在威灵顿小学读一年级。有一天，品行课老师玛丽·安小姐让学生们各自说出一个自己的梦想。全班 24 名同学都非常踊跃，尤其是赛尼，他一口气说出两个：一个是拥有自己的一头小母牛，另一个是去埃及旅行一次。可是，当玛丽·安小姐问到一个名叫杰米的男孩时，不知为什么，他竟一下子没了梦想。为了让杰米也拥有一个自己的梦想，玛丽·安小姐建议杰米向同学购买一个。于是，在老师的见证下，杰米就用 3 美分向拥有两个梦想的赛尼买了一个。由于赛尼当时太想拥有一头自己的小母牛了，他就让出了自己的第二个梦想———去埃及旅行一次。

　　40 年过去了，赛尼·史密斯已人到中年，并且在商界小有成就。40 年来，他去过很多地方———瑞典、丹麦、希腊、沙特、中国、日本，然而他从来没有涉足过埃及。难道他没想过去埃及吗？想过。据他说，从他卖掉去埃及的梦想之后，他就从来没忘记过这个梦想。然而，作为一个虔诚的基督徒和一个诚信的商人，他不能去埃及，因为他把这一行为连同那个梦想一起卖掉了。

　　2002 年感恩节前夕，他和妻子打算到非洲去旅行，在设计旅行线路时，妻子把埃及的金字塔作为其中的一个重点观光项目。赛尼·史密斯再也忍不住了，他决定赎回那个梦想，因为他觉得只有那样，他才能坦然地踏上那片土地。

　　赛尼·史密斯能赎回那个梦想吗？

　　他没有赎回那个梦想。因为经联邦法院审定，那个梦想已经价值 3000 万美元，赛尼·史密斯要想赎回去，就必须倾家荡产。其中的缘由，我们从杰米的答辩状中，也许可略知一二。

　　杰米是这样说的———

　　在我接到史密斯先生的律师送达的副本时，我正在打点行装，准备全家一起去埃及，这好像是我一口回绝史密斯先生要求赎回那个梦想的理由。其实，真正的理由不是我们正准备去埃及，而是这个梦想的价值。

　　现在各位都非常清楚，小时候我是个穷孩子，穷到不敢拥有自己的梦想。然而，自从我在玛丽·安小姐的鼓励下，用 3 美分从史密斯先生那里购买了这个梦想之后，我彻底变了，变得富有了。我不再淘气，不再散慢，不再浪费自己的光阴，我的学习有了很大进步。我之所以能考上华盛顿大学，我想完全得益于这个梦想，因为我想去埃及。我之所以能认识我美丽贤惠的妻子，我想也是得益于这个梦想，她是一个对埃及文明着迷的人，如果我不是购买了那个梦想，我们绝不会在图书馆里相遇，更不会有一段浪漫迷人的恋爱时光，也不会有现在的幸福生活。我的儿子现在在斯坦福大学读书，我想也是得益于这个梦想，因为从小我就告诉他，我有一个梦想，那就是去埃及，如果你能获得好的成绩，我就带你去那个美丽的地方。我想他就是在埃及的召唤下，走入斯坦福大学的。现在我在芝加哥拥有 6 家超市，总价值超过 2500 万美元。我想，如果我没有那个去埃及旅行的梦想，我是绝对不会拥有这些财富的。

尊敬的法官和陪审团的各位女士、先生们，我想假如这个梦想是属于你们的，你们也一定会认为这个梦想已经融入了你们的生命之中，已经和你们的生活、你们的命运紧密相连，密不可分。你们也一定会认为，这个梦想就是你们的"无价之宝"。

赎回一个被 3 美分卖掉的梦想，要花 3000 万美元。在我们看来，这也许没有必要，或者说根本就不值得。然而，据《芝加哥电讯报》报道，前不久，赛尼·史密斯已经上诉到联邦法院，说是哪怕花三个亿，把官司打到自己的曾孙那一代，也要赎回自己儿时的那个梦想。

（佚名）

第二辑　成功之道

　　没有目标的人，无论在生活中，还是在事业上，都容易随波逐流。世界上最贫穷的人并不是身无分文的人，而是没有目标的人。想别人之不敢想，做别人之不敢做。只有胸怀天下，目标远大才会有巨大的成功。

对生活充满激情

> 对生活充满激情，是重要的成功原则之一。在你最需要它的时候，热忱和激情会使你对自己充满自信。

对生活和工作缺乏热忱和激情的人，很容易被自己悲观的情绪所左右，使自己丧失信心，变得意志消沉，有时机会和财富就在他的身边，触手可及，但是，由于不良情绪的干扰，他也会让机会和财富从身边溜走。一天，奥斯卡在俄克拉荷马城的火车站上，准备乘火车往东边去。他在气温高达40多度的西部沙漠地区已经待了好几个月，因为他正在为一个公司勘探石油。

奥斯卡是麻省理工学院的毕业生。他把旧式探矿杖、电流计、磁力计、示波器、电子管和其他仪器结合制成勘探石油的新式仪器。

就在他满怀信心、充满激情工作着的时候，奥斯卡得知：他所在的公司因无力偿付债务而破产了。奥斯卡踏上了归途，他失业了，前景相当暗淡。他心中对工作的热忱和激情也一下子消失得一干二净。

由于他必须在火车站等待几个小时，他就决定在那儿架起他的探矿仪器来消磨时间。仪器上的读数表明车站地下蕴藏有大量的石油。但奥斯卡不相信这一切，他在愤怒中踢毁了那些仪器。

"这里不可能有那么多石油！这里不可能有那么多石油！"他十分反感地反复叫着。

不久之后，人们就发现俄克拉荷马城地下有丰富的石油资源，甚至可以毫不夸张地说，这座城就浮在石油上。

奥斯卡由于失业的挫折，产生了悲观消极思想。即使他一直寻找的机会就躺在他的脚下，但是由于缺乏激情，也没有能够把握住。

对生活充满激情，是重要的成功原则之一。在你最需要它的时候，热忱和激情会使你对自己充满自信。

（佚名）

生命的长度

　　　　人命的长度，就是一呼一吸之间。只有这样认识生命，才能真正体味生命的精髓。

　　一天，佛祖站在云端翘首俯瞰人间，他看到每一个城市都车水马龙，人来人往，每个人都奔着自己的目标匆匆独行，甚至急得汗流满面。佛祖若有所思地问他的弟子："弟子们，你们看呀，人们整天都忙忙碌碌，这究竟是为了什么呢？"

　　弟子们双手合十，恭声答道："佛陀，人们整天这样的忙忙碌碌，不外乎是为了'名利'二字。"

　　"那么，有了名利又能怎样呢？"佛祖接着问道。

　　"有了名可以得到别人的尊重，有了利可以满足肉体的奢侈。"一个弟子回答。

　　"无名无利的平民百姓，他们整天到晚劳累忙碌，又是为了什么呢？"

　　"佛陀，平民百姓劳累忙碌是为了养家糊口，吃饭穿衣。"一个弟子平静地答道。

　　"吃饭穿衣又是为了什么呢？"佛祖接着问。

　　一个弟子站起身来，躬身答道："佛陀，人们吃饭穿衣是为了滋养肉身，享尽天年的寿命呀！"

　　佛祖用清澈的目光环视着弟子们，沉静地问道："那么，你们且说说肉体生命究竟有多长久？"

"佛陀，有情众生的生命平均起来有几十年的长度。"一个弟子充满自信地回答。

佛陀摇了摇头说："你并不了解生命的真谛。"

另一个弟子见状，充满肃穆地说道："人类的生命如花草，春天萌芽发枝，灿烂似锦，冬天枯萎凋零，化为尘土。"佛陀露出了赞许的微笑，"你能够体察到生命的短暂迅速，但是对佛法的了解，仍然限于表面。"

又听得一个无限悲怆的声音说道："佛陀，我觉得生命就象蜉蝣虫一样，早上才出生，晚上就死亡了，充其量只不过是一昼夜的时间！"

"喔！你对生命朝生暮死的现象能够观察入微，对佛法已经有了进入肌肉的认识，但还是不够透彻。"

在佛陀的不断否定、启发下，弟子们的灵性越来越被激发起来，这时又有一个弟子站起来说道："佛陀，其实人们的生命跟朝露没有什么两样，看起来不乏美丽，甚至有的时候是如此的凄美壮观，但是只要阳光一照射，一眨眼的功夫它就蒸发消逝在这个空间而变得无影无踪了。"

佛陀含笑不语，弟子们更加热烈地讨论起生命的长度来。这时，一个弟子站起身来，语惊四座地说道："佛陀，依弟子看来，人命只在一呼一吸之间。"

语音一出，四座愕然。大家都凝神地看着佛陀，期待着佛陀的开示。

"嗯，说得好！人命的长度，就是一呼一吸之间。只有这样认识生命，才能真正体味生命的精髓。弟子们，你们切不要懈怠放逸，以为生命很长，明日复明日地活下去，象露水有一瞬，象蜉蝣有一昼夜，象花草有一季，象凡人有几十年。其实生命只有一呼一吸这样的短暂呀！你们应该好好地珍惜自己所拥有的一切，把握生命的每一分钟，每一时刻，勤奋不已，自强不息。"

（佚名）

雕鹰与蓝天

我们的翅膀也同样常会被折断，也同样常会变得疲软无力，如果这样，我们能忍受剧痛，拒绝怜悯，挑战自我，永不坠落地飞翔吗？

在辽阔的亚马逊平原上，生活着一种叫雕鹰的鸟，有"飞行之王"的称号。它的飞行时间之长、速度之快、动作之敏捷，堪称鹰中之最，被它发现的小动物，一般都难以逃脱它的利爪。

但谁能想到那壮丽的飞翔后面却蕴藏着泣血的悲壮？

当一只幼鹰出生后，没享受几天舒服的日子，就要经受母亲近似残酷的训练。在母鹰的帮助下，幼鹰没多久就能自行飞翔了，但这只是第一步，因为这种飞翔只比爬行好一点儿。幼鹰需要成百上千次的训练，否则，就不能获得母亲口中的食物。

第二步，母鹰把幼鹰带到高处，或悬崖上，然后把它们摔下来，有的幼鹰因为胆怯而被母亲活活地摔死。但母鹰不会因此而停止对它们的训练。母鹰深知：不经过这样的训练，孩子们就不能飞上高远的蓝天，即使能够，也会因难以捕捉到食物而被饿死。

第三步则充满着残酷和恐怖。那些被母亲推下悬崖而能胜利飞翔的幼鹰面临着最后的，也是最关键、最艰难的考验。因为它们那正在成长的翅膀会被母鹰残忍地折断大部分骨骼，然后再次从高处推下，有很多幼鹰就是在这时成为飞翔悲壮的祭品。但母鹰同样不会停止这"血淋淋"的训练，因为它眼中虽然有痛苦的泪水，但同时也在构筑着孩子们生命的蓝天。

有的猎人动了恻隐之心，偷偷地把一些还没来得及被母鹰折断翅膀的幼鹰带回家里喂养。但后来猎人发现那被喂养长大的雕鹰至多飞到房屋那么高便要落下来，它们那两米多长的翅膀已成为累赘。

　　原来，母鹰"残忍"地折断幼鹰的翅膀中的大部分骨骼，是决定幼鹰未来能够在广袤的天空中自由翱翔的关键所在。雕鹰翅膀骨骼的再生能力很强，只要在被折断后仍能忍受痛苦不停地振翅飞翔，使翅膀不断地充血，不久便能痊愈，而痊愈后翅膀则似神话中凤凰一样死后重生，长得更加强健有力。如果不这样，雕鹰也就失去了仅有的一个机会，也就永远与蓝天无缘了。

　　没有谁能帮助雕鹰飞翔，除了它自己。

　　我们每个人都拥有自己辽阔而美丽的蓝天，也都拥有一双为飞上蓝天做准备的翅膀，那就是激情、意志、勇气和希望。但我们的翅膀也同样常会被折断，也同样常会变得疲软无力，如果这样，我们能忍受剧痛，拒绝怜悯，挑战自我，永不坠落地飞翔吗？

（佚名）

对自己微笑

　　懂得对自己微笑的人，她的心灵天空将随之晴朗，懂得对生活微笑的人，将会得到一个美丽的人生。

　　刚刚参加工作，我不勉有些紧张，最怕看那一张张面无表情的的脸。这时，有一位30岁左右的女同事很快引起了我的注意，因为她是这里第一个向我微笑的人。看到她那张清秀的挂着微笑的脸，这一天我的心情就格外的好。

　　慢慢地我发现，她有一面精致的小镜子，每当午休时，她都拿出来照一照。她会独自一个人对着镜子微笑。有一次，我忍不住问她："你为什么看起来总是很开心？"她听了我的话微笑了一下，给我讲了一个她自己的故事。

　　三年前，她得了乳腺癌，做过切除手术后，丈夫就和她离婚了。望着只有5岁的女儿，她泪流不止。她的丈夫抛弃了她，在她最需要关怀的时候。她以泪洗面地度过了很长一段日子，感觉天空都是灰色的……

有一天，她站在镜子前，看到镜子里映出了一张陌生的脸，那张脸苍白的没有一丝血色，显得呆板、苍老而又茫然。她吓了一跳，这哪里是自己那张年轻、俊美的脸啊！她努力冲镜子笑了一下，那张脸明显有了一丝生机；她又笑了笑，那张脸有了神采变得美丽起来。她的心情也随之振奋了一下。

"难道我就这么忧怨地过下去吗？"她对自己说，"绝不！无论发生什么事情，我都要坚强、快乐地去生活。"她痛下了决心。

此后，她常常对镜子中的人笑，那人也就对她笑。她用业余时间搞文学创作，发表了许多文学作品，也收到大量的读者来信，她活的很充实。她的工作做得也非常出色，每年的年终都能拿到很多奖金。她和周围的人相处的很好，因为她常常对人们友善地微笑，人们也同样回报她以微笑。

听了她的故事我明白了一些道理。懂得对自己微笑的人，她的心灵天空将随之晴朗，懂得对生活微笑的人，将会得到一个美丽的人生。这个对镜子微笑的女人，走出了心灵的低谷，相信未来是洒满阳光的日子，成为一个真正懂得生活的女人。

（佚名）

四句话带来的人生感悟

后来，少年走过很长一段人生历程之后，也成了一位智者，他是一个愉快的人，也给每个见过他的人带来快乐。他终于领悟了智者送他的四句话的内涵，他把这当作自己的人生格言。

曾有一位少年去拜访一位年长的智者，少年问："我怎样才能变成一个自己愉快，同时能带给别人快乐的人？"

智者送给少年四句话：第一句话是把自己当成别人，第二句话就是把别人当成自己，第三句话就是把别人当成别人，第四句话就是把自己当成自己。

少年问："这四句话中有很多矛盾之处，我怎样才能把它们统一起来呢？"智者说："用一生的时间和经历。"

后来，少年走过很长一段人生历程之后，也成了一位智者，他是一个愉快的人，也给每个见过他的人带来快乐。他终于领悟了智者送他的四句话的内涵，他把这当作自己的人生格言。

智者的四句话就好比一个快乐处方：

把自己当成别人。受到挫折屈辱时，把自己当成别人，便能置身事外，不快自然减轻；功成名就，取得成绩时，把自己当成别人，就不至于得意忘形，让胜利冲昏头脑。

别人当成自己。和人交往，遇事设身处地的为别人着想，这事碰到自己头上，自己会怎样想，该怎么办？多给别人些同情心和帮助。

把别人当成别人。做人不要自以为是，要学会尊重别人，任何时候都不应怠慢别人，不能强求别人怎样做，怎样做是别人的自由，你无权干涉。

把自己当成自己。任何人都有自己独立的个性，你就是你自己，不是别人。把自己当成自己时，就得承担起自己的责任。

（佚名）

珍惜变数

拿一切"稀少"、"难得"当成宝贝，对一切够不着的东西努力去够，是人类的本性。这种伟大的本性，也是生命不断延续下去的深奥秘密。

美国的天堂动物园里，新去了一个喂河马的饲养员。老饲养员给他上的第一堂课，让他有点接受不了。听起来也确实有点离奇。老饲养员告诉他，不要喂河马过多的食物，不要怕它饿着，以免它长不大。新去的饲养员听了这话，十分纳闷。心想，世上怎么会有这种道理。为了让动物长大，而不要喂过多的食物。他没有听老饲养员的话，拼命地喂他的那只河马。在他喂养的河马前，到处都是食物。人们无不感到他的仁慈和善意。

但两个月后，他终于发现，他养的这只河马，真的没有长多大。而老饲养员不怎么喂的那一只，却长得飞快。他以为是两只河马自身的素质有差别。

老饲养员不说什么，跟他换着喂。不久，老饲养员的那只河马，又超过了他喂的河马。他大惑不解。

老饲养员这时才一语道破天机：你喂的那只河马，是太不缺食物，反而拿食物不当回事，根本不好好吃食，自然长不大。我的这一只，总是在食物缺乏中过生活，因此，它十分懂得珍惜，是珍惜使它有所获得，有了健壮。珍惜是一种正常的生命反应，甚至是一种促进，是生活中的需要，而不是离奇的假说。

日本的一家动物园里，一个常年喂养猴子的人，不是将食物好好地摆在那儿，而是费尽心思，将食物放在一个树洞里，猴子很难吃到。正因为吃不到，猴子反而想尽了办法要去吃，猴子整天为吃而琢磨，后来终于学会了用树枝努力地去够，把东西从树洞里够出来。

别人都很奇怪，对养猴子的人说，你不该如此喂养猴子。

养猴子的人却说，这种食物是很没有胃口的。平时，你真给猴子摆在跟前，它连看都懒得看，它也根本不会去吃。你只有用这种办法去喂它，让它很费劲地够着吃，它才会去吃。你越是让它够不着，它才越会努力去够。正因为猴子们很难得到它，在得到它时，才会珍惜。是珍惜使不好的东西变为了好东西。

养猴子的人和养河马的人，从日常生活中都发现了一个真理，不能"好好"喂养他们的动物。或说不管怎样，得让他们有点费劲，学会去够，只有努力去够的东西，其实才是好东西。

生活中有许多我们并不需要的东西，但就是因为我们够着困难，又十分费劲，还不一定能够得着，我们才去珍惜，才觉得它贵重。天下有许多事，一旦容易了，就等于过剩，人们就会抛弃它。不管它是多，还是少，它的原有价值都会被降低。

人世间，什么是最好、最宝贵的？解释多种多样。但有一条是准确的，就是那些往往离我们最远，又最难够到的东西最为宝贵。当然，这些东西有时并非是我们真正需要的。因此，珍惜，在生活中永远潜藏着不可预知的变数。比如，我们常会付出极大的代价，把我们十分珍惜的东西想方设法弄到手，但在过后的日子里，我们却发现，这种千方百计弄来的东西并没有那么高的价值。我们最终常常是把这些东西放烂或是遗弃，但它却使我们懂得了珍惜，有了追求。

生活中，我们正是因为懂得了珍惜，才使我们无处不获益。总之，拿一切"稀少"、"难得"当成宝贝，对一切够不着的东西努力去够，是人类的本性。这种伟大的本性，也是生命不断延续下去的深奥秘密。

（佚名）

不要为失去而懊恼

> 他们相信，失去并不意味着失败，失去后还可以重新拥有。这才是成功者应具备的心态。

一个人坐在轮船的甲板上看报纸。突然一阵大风把他新买的帽子刮落大海中，只见他用手摸了一下头，看看正在飘落的帽子，又继续看起报纸来。另一个人大惑不解："先生，你的帽子被刮入大海了！""知道了，谢谢！"他仍继续读报。"可那帽子值几十美元呢！""是的，我正在考虑怎样省钱再买一顶呢！帽子丢了，我很心疼，可它还能回来吗？"说完那人又继续看起报纸来。

的确，失去的已经失去，何必为之大惊小怪或耿耿于怀呢？

许多人都有过丢失某种重要或心爱之物的经历；比如不小心丢失了刚发的工资，最喜爱的自行车被盗了，相处了好几年的恋人拂袖而去了等等，这些大都会在我们的心理上投下了阴影，有时甚至因此而备受折磨。究其原因，就是我们没有调整心态去面对失去，没有从心理上承认失去，只沉湎于已不存在的东西，而没有想到去创造新的东西。人们安慰丢东西的人时常会说："旧的不去新的不来。"事实正是如此，与其为失去的自行车懊悔，不如考虑怎样才能再买一辆新的，与其对恋人向你"拜拜"而痛不欲生，不如振作起来，重新开始，去赢得新的爱情。

我的两个朋友曾结伴出门旅游，在即将返回的时候他们发现钱包不见了。其中一个人把自己去过的地方寻了个遍，询问了许多人，还到派出所报了案，结果一无所获。而我的另一个朋友在发现丢了钱包之后，不是一味地懊悔，而是积极想办法，考虑如何才能挣到回家的路费。他走进一家饭店，向老板讲明了自己的情况后，用给饭店洗菜的办法为自己和同行的朋友挣得了回家的路费。他还从此和这家饭店的老板交上了朋友，定期有信函往来。直到现在，一提起这件事他也总是说："旅游的时间那么短，有趣的事那么多，为了丢失钱包而一直烦恼下去很不值得。"朋友的文化水平并不高，但他的话却很有哲理。人生有许多事情要做，为什么要为一时的失去而一直伤心呢？

每个人都有过失去，但对其所持的心态却不同。有的人总是向人反复表明他失去的东西有多么好，有多么的珍贵……还有好多人则不同。比如，他们在失去了原有的工作之后，不是一味地伤感，而是主动寻找新的工作；他们相信，失去并不意味着失败，失去后还可以重新拥有。这才是成功者应具备的心态。

（佚名）

只有针尖大的希望也不放弃

一个人难免有落魄的时候，不管面对什么样的境遇。哪怕只有针尖般大的希望也不放弃，而是努力寻找，努力抓住各种机遇的人，是不会失败的。

特洛伊正走在海滩上。突然发现一双套在皱巴巴棕色长裤内的脚，从一个被露水沾湿的报纸做的帐篷中伸出来。最初，她以为这是一具死尸。她毛骨悚然地站着，手里抓着一条按妈妈的吩咐买来的面包。

她呆若木鸡……

一只腿动弹了一下，接着，一只胳膊露了出来，袖子边奄拉着。随后，那手一把扯开报纸，人钻了出来。

年轻的？年老的？特洛伊吓得什么也没看清。

"早上好！"他问候她。

特洛伊后退了两步。声音听起来倒不凶，可他那沾满砂的脑袋，胡子拉碴的模样着实让人担惊受怕。

"去吧，"他赞同地说，"快跑开吧。我不会追你的……是叫你出来买面包的，对不对？"

特洛伊默不作声。

他解开自己的鞋带，从鞋内倒出一股细沙。"我深表谢意，"他礼貌周全，"因为你叫醒了我。当然，在这种时刻，我好像迷失了。我常常搞不清自己到底是谁——是失业记者，还是走霉运的诗人；是遁世者，还是替罪羊？我想，你一定以为我只不过是个流浪汉。"

特洛伊慢慢地摇摇头。

他对她微笑，突然间显得年轻了许多。

"我光顾谈自己了，现在来谈谈你吧。你会成为一个人物的。我相信，不然，你也不会站在这儿啦——你早就跑走了。但是你没跑——"

她只是瞪眼瞧着他，疑疑惑惑地。但是，一种巨大的怜悯、温情和理解——自从父亲去世后久违了很久的感情突然涌上心头。

"来吧，"他哄着她，"告诉我，你将来想干什么？演员？画家？音乐家？作家？——也许，还不知道？不知道更好，一切都在前面，新鲜，光彩的未来。可是，你听着——"

他朝前探着身子："我要告诉你一个秘密——一个我知道得太晚的秘密。未来取决于美的真谛——你怎么找它，怎么看它。人们将对你赞扬钻石又美又名贵，当然，这没错。可是，就在这儿——，"

他抓起一把细沙，"这儿也有成百万颗钻石。只要你深入其中去发现。瞧这个！"他递给她一片玻璃碎片，它的棱角被海水和沙子磨光了。"别人会说，毫无用处。可是，把它对着光瞧瞧！它翠得像绿宝石，神秘得如翡翠，光洁得像墨玉！"

一只海鸥尖叫着飞来，在他们头顶盘旋，投下一片浮翔的阴影。那眼睛闪亮的鸟儿自在地在晨光中飘荡着。

"看那里，"他指着海鸥，"那就是我的意思。人，不能像海鸥点水般。哪怕只有针尖般大的希望也不能放弃。孩子！要努力寻找，努力抓住晨光的双翅。"她仔细看了看手里那片被海水刷亮了的碎玻璃片，翠得像绿宝石，神秘得如翡翠，光洁得像墨玉。

"要努力寻找，努力抓住晨光的双翅。"特洛伊正是在这句话的鼓励下，开始一步步走向了成功。

一个人难免有落魄的时候，不管面对什么样的境遇。哪怕只有针尖般大的希望也不放弃，而是努力寻找，努力抓住各种机遇的人，是不会失败的。

（佚名）

永不言弃

　　　暂时失落并没影响她对事业的追求，她一刻也没放松过文学创作，终于从荆棘中闯出了一条成功的路。

人生不可能一直一帆风顺。犹太人凭着过人的胆识，抱着乐观从容的风险意识，知难而进，逆流而上，赢得了出人意料的成功。懂得从失败中学到经验和智能，这才是无可比拟的珍贵财富。只有坦然面对失败的人，才算真正成熟的人。

犹太女作家戈迪默无疑是犹太民族的骄傲。她是第一位获得诺贝尔奖的女作家，也是诺贝尔文学奖设立以来的第 7 位获奖者。然而，这份荣誉是她用 40 年的心血和汗水得来的，这当中，她多次面对严重的挫败，但她从不放弃自己，也毫不气馁。

戈迪默 1923 年 11 月 20 日出生在约翰内斯堡附近的斯普林斯村小镇。她是犹太移民的后裔，母亲是英国人，父亲是来自波罗的海沿岸的珠宝商，幸福的家庭生活启发了小戈迪默的无限憧憬和梦想。

6 岁那年，她抚摸和凝视着自己纤细而柔软的躯体，梦想着当一名芭蕾舞演员，她从剧院里得知，舞台生涯最能淋漓尽致地表现人的情感，所以她报了名，加入了小芭蕾舞剧团。但事与愿违，由于体质太弱，她对剧烈的舞蹈动作并不适应，经常被一些小病痛纠缠着。久而久之，小戈迪默只好被迫放弃了这个梦想。

遗憾之余，这位倔强的女性暗暗发誓，条条大路通罗马，她要找到适合自己的成功之路。然而，命运不但没有赐福给她，反而把她逼上更加痛苦的深渊。8 岁时，她又因患病离开学校，中断了学业。夜晚，她常常流着无奈的泪，期盼着明天身体会好转。然而，天不从人愿，她只好坐在床上与书为伴。

某个明媚的夏日，心烦意乱又十分孤独的戈迪默偷偷走上了大街，她想从车水马龙的街上找到一点快乐。突然间，她被一块不大不小的木牌吸引，久久不愿离开，这木牌上写的是"斯普林斯图书馆"。她欣喜若狂，早已将课本读熟了的她，最渴望的莫过于书了。此后，她迷上了这家图书馆，整日泡在书堆里。

图书馆下班铃响了，她却一头埋在桌子底下，等图书馆的大门确实锁上了，她才钻出来，在这自由自在的王国里，尽情而贪婪地吸吮着知识的营养。就这样，慢慢地，她对文学产生了浓厚的兴趣。

她那稚嫩的小手拿起了笔，浓烈的情感化为文字写在白纸上。那年，她才 9 岁，文学生涯就此开始。出人意料的是，15 岁时她的第一篇小说在当地一家文学杂志上发表了。当时，不认识她的人，谁也不知道这些优秀的小说竟出自一位少女之手。

几年以后，戈迪默的第一部长篇小说《说谎的日子》问世。优美的笔调、深刻的思想内涵触动了当时的文坛。戏剧界、文学界几乎同时将关注的目光投向了这位女作家。像一匹野马，戈迪默的创作一发不可收拾。漫长的创作生涯，她相继写出 10 部长篇小说和 200 多篇短篇小说。惊人的产量加上精致的品质使她连连获奖：她的《星期五的足迹》获英国史密斯奖，之后她意外地又获得了英国的文学奖。

她说："我要用心血浸泡笔端，讴歌黑人生活。"满腔的热忱很快就得到回报，她的《对体面的追求》一出版，就受到了瑞典文学院的注意。接着，她创作的《没落的资产阶级世界》、《陌生人的世界》和《上宾》等佳作轻而易举地入围诺贝尔文学奖。

然而，就在她春风得意、乘风扬帆之时，一个浪头伴着一个旋涡使她又几经挫折。瑞典文学院几次将她提名为诺贝尔文学奖的候选人，但每次都因种种原因而未能得奖。面对打击，这位弱女子在自己著作的扉页上，沉重地写着"内丁·戈迪默诺贝尔文学奖"，然后在括号内写上"失败"两字。然而，暂时失落并没影响她对事业的追求，她一刻也没放松过文学创作，终于从荆棘中闯出了一条成功的路。

(佚名)

全力以赴挑战命运

于是，他过去顽强不屈、永不向命运低头的精神又回来了。他对自己说："你是过来人，知道该怎样做。你要拼命锻炼，不怕苦，不气馁，一定要离开这鬼地方。"

麦吉对于他遭遇的第一次意外，已全无记忆。他只记得那是 10 月一个温暖的晚上。麦吉当时 22 岁，刚从著名的耶鲁大学戏剧学院毕业。他聪明英俊，人缘很好，踢美式足球及演戏剧都表现突出，正是意气风发的好时光。那辆 18 吨重的车从第五大道第 34 街驶出来时，麦吉一点都没看见。他记得的下一件事，就是醒来时自己身在加护病房，左小腿已经切去。

其后 8 年，麦吉全力以赴，要把自己锻炼成全世界最优秀的独腿人。他复健期间饱受疼痛折磨，但从不抱怨，终于熬过来，开始在舞台和电视上演出，也交过不少女朋友。

失去左腿后不到 1 年，他开始练习跑步，不久便常去参加 10 公里赛跑。

随后又参加纽约马拉松赛和波士顿马拉松赛，成绩打破了伤残人士组纪录，成为全世界跑得最快的独腿长跑运动员。

接着他进军三项全能。那是一项极其艰难的运动，要一口气游泳 3.85 公里、骑脚踏车 180 公里、跑 42 公里的马拉松。这对只有一条腿的麦吉来说，无疑是一个巨大的挑战。1993 年 6 月的一个下午，麦吉在南加州的三项全能运动比赛中，骑着脚踏车以时速 56 公里疾驰，带领一大群选手穿过米申别荷镇，群众夹道欢呼。突然间，麦吉听到群众尖叫声。他扭过头，只见一辆黑色小货车朝他直冲过来。

其时，比赛场地周围马路已几乎全部封锁，几个并未封锁的一字路口也有警察把守，没人知道是什么缘故，让这辆小货车闯了进来。

麦吉对于这次挨撞可记得一清二楚。他记得群众尖叫，记得自己的身体飞越马路，一头撞在电灯柱上，颈椎"啪"地折断。他还记得自己被抬上救护车，随后他昏了过去。

麦吉接受紧急脊椎手术后醒来时，发现自己躺在重伤病房，一动也不能动。他清楚记得周围的护士个个都流着眼泪，一再说："我们很难过。"

麦吉四肢瘫痪了，那时才 30 岁。

麦吉的四肢都因颈椎折断而失去功能，但仍保存少量神经活动，使他能稍微动一动一手臂能抬起一点点，坐在轮椅上身子可以倾前，双手能做一些简单动作，双腿有时能抬起两三厘米。

麦吉知道四肢尚有感觉时，有点激动。因为这意味着他有了独立生活的可能，无须 24 小时受人照顾。经过艰苦锻炼，自认为"很幸运"的麦吉渐渐进步到能自己洗澡、穿衣服、吃饭，甚至开经过特别改装的车子。医生对此都大感惊奇。

医院对脊椎重伤病人的治疗，好似施行酷刑。他们先给麦吉装上头环：那是一个钢环，直接用螺钉装在颅骨上，然后把头环的金属撑条连接到夹在麦吉身体两侧的金属板上，以固定麦吉的脊椎。安装头环时只能局部麻醉，医生将螺钉拧进麦吉的前额时，麦吉痛得直惨叫。

护士常来给麦吉抽血，把导管插入膀胱，或者把头环的螺钉拧牢。每次有人碰到他，他都痛得尖叫。他觉得自己没有了自我，没有过去，没有将来，也没有希望。

两个月后，头环拆掉，麦吉被转送到科罗拉多州一家复健中心。在他那层楼里，住的全是最近才四肢或下身瘫痪的病人。他发觉原来有那么多人和他命运相同。眼前的处境也并不陌生，伤残、疼痛、失去活动能力、复健、耐心锻炼——所有这些他都经历过。

于是，他过去顽强不屈、永不向命运低头的精神又回来了。他对自己说："你是过来人，知道该怎样做。你要拼命锻炼，不怕苦，不气馁，一定要离开这鬼地方。"

其后几个月，麦吉再度变得斗志昂扬，复健速度之快，出乎所有人预料。脖子折断之后仅仅 6 个月，他便重返社会，再开始独立生活，又大约 6 个月之后，他在一次三项全能运动员大会上，以《坚忍不拔和人类精神力量》为题，发表了一篇激动人心的演说，事后人人都围着他，称赞他勇敢。"麦吉真行！"大家异口同声地说。

即使复健过程起先顺利，病人迟早会遇上一道墙：复健中止，残酷的现实浮现。麦吉就撞上了这道墙。当时他身体可复原的已复原了，不管怎样努力，有些事实始终无法改变：手臂永远不可能再抬到高过头顶，而且他永远不能再走路了。

麦吉明白了这一点之后，向来不屈不挠的他也泄气了。

1996 年，麦吉获得 380 万美元赔偿金，决定迁居夏威夷。当时他对朋友说，去那里是为了写回忆录。其实，完全是为了逃避。麦吉有个不想让任何人知道的秘密：他染上了毒瘾。他脖子折断之后两年左右，认识了一个女人，那女人递给他一些可卡因，同情地说："试试这个吧。你苦够了，没人会怪你这么做。"麦吉心想："对啊，没人会怪。"

一天凌晨，麦吉吸毒之后，转着轮椅来到一条寂静公路的中央。那是阿里道，他曾在这条公路上跑过马拉松。

麦吉曾在阿里道赢得辉煌胜利，而这时却在道上思量去哪里再弄些可卡因。他知道该下决定了：要死还是要活？"我才 33 岁，不想离开这个世界，"他想，"当然我也不想四肢瘫痪，但既然无法改变这事实，只好学会那样子好好活下去。"

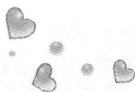

他不知道下一步该怎样做，但有一点很清楚：要是继续沉沦，完蛋定了。于是，他试着从另一角度看自己的问题："也许我的遭遇并非坏事，而是上天给我的美妙赏赐，令我有机会真正了解自己。"

从此，他彻底改变了。

目前麦吉住在新墨西哥州圣菲市。天气好的早晨，他会从床上下来，插上导管，来个淋浴，穿上衣服，准备离开寓所。这一切，他不用 3 小时就能完成。然后他到体育馆去锻炼一两小时，例如在水里步行、骑健身脚踏车。

他也会埋头撰写论文，主题是神话史上的伤残男性。他正在加州圣芭芭拉市帕西非卡克研究所攻读神学博士学位。

只要你不屈服，不向命运低头，就能够把握命运，战胜一切障碍。

（佚名）

条件是可以创造的

老板对于他的诚恳和雄心非常感动，真的找出许多事情让他在周末工作十小时，他们因此欢欢喜喜地搬进新房子了。

杰米先生是个普通的年轻人，大约二十几岁，有太太和小孩，收入并不多。

他们全家住在一间小公寓，夫妇两人都渴望有一套自己的新房子。他们希望有较大的活动空间、比较干净的环境、小孩有地方玩，同时也增添一份产业。

买房子的确很难，必须有钱支付分期付款的头款才行。有一天，当他签发下个月的房租支票时，突然很不耐烦，因为房租跟新房子每月的分期付款差不多。

杰米跟太太说："下个礼拜我们就去买一套新房子，你看怎样？"

"你怎么突然想到这个？"她问，"开玩笑！我们哪有能力！可能连头款都付不起！"

但是他已经下定决心："跟我们一样想买一套新房子的夫妇大约有几十万，其中只有一半能如愿以偿，一定是什么事情才使他们打消这个念头。我们一定要想办法买一套房子。虽然我现在远不知道怎么凑钱，可是一定要想办法。"

下个礼拜他们真的找到了一套两人都喜欢的房子，朴素大方又实用，头款是 1200 美元。现在的问题是如何凑够 1200 美元。他知道无法从银行借到这笔钱，因为这样会妨害他的信用，使他无法获得一项关于销售款项的抵押借款。

可是皇天不负有心人，他突然有了一个灵感，为什么不直接找承包商谈谈，向他私人贷款呢？他真的这么做了。承包商起先很冷淡，由于他一再坚持，终于同意了。他同意杰米把 1200 美元的借款按月交还 100 美元，利息另外计算。

现在他要做的是，每个月凑出 100 美元。夫妇两个想尽力法，一个月可以省下 25 美元，还有 75 美元要另外设法筹措。

这时杰米又想到另一个点子。第二天早上他直接跟老板解释这件事，他的老板也很高兴他要买房子了。

杰米说："彼恩先生，你看，为了买房子，我每个月要多赚 75 元才行。我知道，当你认为我值得加薪时一定会加，可是我现在很想多赚一点钱。公司的某些事情可能在周末做更好，你能不能答应我在周末加班呢？有没有这个可能呢？"

老板对于他的诚恳和雄心非常感动，真的找出许多事情让他在周末工作十小时，他们因此欢欢喜喜地搬进新房子了。

（佚名）

把行动和空想结合起来

请记住，人总归是要长大的。天地如此广阔，世界如此美好，等待你们的不仅仅是需要一对幻想的翅膀，更需要一双踏踏实实的脚！

西方精神分析学大师弗洛伊德将空想命名为"白日梦"。他认为，白日梦就是人在现实生活中由于某种欲望得不到满足，于是通过一系列的想、幻想在心理上实现该欲望，从而为自己在虚无中寻求到某种心理上的平衡。

弗氏理论还提出了一个关键性的词：逃避。也就是说，过分沉湎于空想的人必定是一个逃避倾向很浓的人。此言一语中的。这正是空想带给人的极大危害性。下面的故事生动地说明空想的危害。

一年夏天，一位来自马萨诸塞州的乡下小伙子登门拜访年事已高的爱默生。小伙子自称是一个诗歌爱好者，从7岁起就开始进行诗歌创作，但由于地处偏僻，一直得不到名师的指点，因仰慕爱默生的大名，故千里迢迢前来寻求文学上的指导。

这位青年诗人虽然出身贫寒，但谈吐优雅，气度不凡。老少两位诗人谈得非常融洽，爱默生对他非常欣赏。

临走时，青年诗人留下了薄薄的几页诗稿。

爱默生读了这几页诗稿后，认定这位乡下小伙子在文学上将会前途无量，决定凭借自己在文学界的影响大力提携他。

爱默生将那些诗稿推荐给文学刊物发表，但反响不大。他希望这位青年诗人继续将自己的作品寄给他。于是，老少两位诗人开始了频繁的书信来往。

青年诗人的信写就长达几页，大谈特谈文学问题，激情洋溢，才思敏捷，表明他的确是个天才诗人。爱默生对他的才华大为赞赏，在与友人的交谈中经常提起这位诗人。青年诗人很快就在文坛有了一点小小的名气。

但是，这位青年诗人以后再也没有给爱默生寄诗稿来，信却越写越长，奇思异想层出不穷，言语中开始以著名诗人自居，语气越来越傲慢。

爱默生开始感到了不安。凭着对人性的深刻洞察，他发现这位年轻人身上出现了一种危险的倾向。

通信一直在继续。爱默生的态度逐渐变得冷淡，成了一个倾听者。

很快，秋天到了。

爱默生去信邀请这位青年诗人前来参加一个文学聚会。他如期而至。

在这位老作家的书房里，两人有一番对话：

"后来为什么不给我寄稿子了？"

"我在写一部长篇史诗。"

"你的抒情诗写得很出色，为什么要中断呢？"

"要成为一个大诗人就必须写长篇史诗，小打小闹是毫无意义的。"

"你认为你以前的那些作品都是小打小闹吗？"

"是的，我是个大诗人，我必须写大作品。"

"也许你是对的。你是个很有才华的人，我希望能尽早读到你的大作品。"

"谢谢，我已经完成了一部，很快就会公之于世。"

文学聚会上，这位被爱默生所欣赏的青年诗人大出风头。他逢人便谈他的伟大作品，表现得才华横溢，锋芒咄咄逼人。虽然谁也没有拜读过他的大作品，即便是他那几首由爱默生推荐发表的小诗也很少有人拜读过。但几乎每个人都认为这位年轻人必将成大器。否则，大作家爱默生能如此欣赏他吗？

转眼间，冬天到了。

青年诗人继续给爱默生写信，但从不提起他的大作品。信越写越短，语气也越来越沮丧，直到有一天，他终于在信中承认，长时间以来他什么都没写。以前所谓的大作品根本就是子虚乌有之事，完全是他的空想。

他在信中写道："很久以来我就渴望成为一个大作家，周围所有的人都认为我是个有才华有前途的人，我自己也这么认为。我曾经写过一些诗，并有幸获得了阁下您的赞赏，我深感荣幸。

"使我深感苦恼的是，自此以后，我再也写不出任何东西了。不知为什

么，每当面对稿纸时，我的脑中便一片空白。我认为自己是个大诗人，必须写出大作品。在想像中，我感觉自己和历史上的大诗人是并驾齐驱的，包括和尊贵的阁下您。

"在现实中，我对自己深感鄙弃，因为我浪费了自己的才华，再也写不出作品了。而在想像中，我是个大诗人，我已经写出了传世之作，已经登上了诗歌的王位。

"尊贵的阁下，请您原谅我这个狂妄无知的乡下小子……"

从此后，爱默生再也没有收到这位青年诗人的来信。

爱默生告诫我们："当一个人年轻时，谁没有空想过？谁没有幻想过？想入非非是青春的标志。但是，我的青年朋友们，请记住，人总归是要长大的。天地如此广阔，世界如此美好，等待你们的不仅仅是需要一对幻想的翅膀，更需要一双踏踏实实的脚！"

（佚名）

少壮不努力

在她不求回报的时候，她得到了应得的回报。

从前，有个流浪的艺人，虽然才四十几岁，但是骨瘦如柴，形容枯槁，医生诊断结果是肝癌末期，临终前，他把年仅 16 岁的独子找来，叮咛着："你要好好读书，不要像我少壮不努力，老来没成就。我年轻时好勇斗狠，日夜颠倒，烟酒都来，正值壮年就得了绝症。你要谨记在心，不要再走我的老路。我没读什么书，没什么大道理可以教你，但你要记住把'少壮不努力，老来没成就'这句话传下去。"

说完，他咽下最后一口气，十六岁的儿子却懵懵懂懂地站立一旁。

　　长大后，他儿子仍然在酒家、赌场闹事，有一次与客人起冲突，因出手过重而闹出人命，被捕坐牢。出狱后，人事全非，发觉不能再走老路，但是却无一技之长，无法找个正当的工作，只好下定决心，回到乡下，靠做一些杂工维生。由于他年轻时无法体会父亲交代的遗言，耽误终身大事，年近半百才成婚。虽然年事渐长，逐渐能体会父亲临终前交代的话，但似乎为时已晚。他的体力一天不如一天，一年不如一年，面对着无法撑持起来的家，心里有着无限的忏悔与悲伤。

　　有个夜晚，他喝点酒，带着酒意，把十六岁的儿子叫到跟前。他先是一愕，这不就是当年十六岁的我啊！父亲临终前交代遗言的景象在脑海中显现，有些自责地喃喃自语：

　　"我怎么没把那句话听进去啊。"

　　说着，眼泪直滴脸颊，儿子站在面前，懂事地安慰着："爸爸，您喝醉了，早点休息吧！"

　　"我没有醉，我要把你爷爷交代我的话告诉你，你要牢牢记住。""爸爸！什么话这么慎重呀！"

　　"当年你爷爷临终时交代我不可以'少壮不努力，老来没成就'，我没听进去，也没听懂。结果我费尽一生才体会出这一句话的道理，但为时已晚。"

　　"这句话不是人人都知道吗？"

　　"是啊。但是，并不是每个人都愿意努力从年轻时就努力奋发向上。一定要年轻时就学好，不然老了就像我一无是处。你一定要认真对待这句话。希望你好好做人，将来儿孙都能成才，不必再把这句话当遗言交代了。"

（佚名）

信任是一双希望的手

　　信任是伸向失望的一双手，一个小小的动作能改变一个人的一生，把信任撒向世界的每一个角落吧，说不定编你的身边会出现一个奇迹。

　　布鲁姆是小镇上出名的地痞，整日游手好闲，酗酒闹事，人们见到他惟恐躲避不及。一天，他醉酒后失手打死了前来上门讨债的债主，被判刑入狱。

　　入狱后的布鲁姆翻然悔悟，对以往的言行深深感到懊悔。一次，他成功地协助监狱制止了一次犯人的集体越狱出逃，获得减刑的机会。

　　布鲁姆从监狱中出来后，回到小镇上重新做人。他先是找地方打工赚钱，结果全被对方拒绝。这些老板全部遭受过布鲁姆的敲诈，谁也不要他这种人。食不果腹的布鲁姆又来到亲朋好友家借钱，遭到的都是一双双不相信的眼光，他那一点刚充满希望的心，开始滑向失望的边缘。这时，镇长听说了，就取出了 100 美元，递给布鲁姆，布鲁姆接钱时没有显出过分的激动，他平静的看了镇长一眼后，消失在镇口的小路上。

　　数年后，布鲁姆从外地归来。他靠 100 美元起家，苦命拼搏，终于成了一个腰缠万贯的富翁，不仅还清了亲朋好友的旧帐，还领回来一个漂亮的妻子。他来到了镇长的家，恭恭敬敬地捧上了 200 美元，然后，说道："谢谢您！"。

　　事后，费解的人们问镇长，当初为什么相信布鲁姆日后能够还上 100 美元，他可是出了名的借款不还的地痞。

　　镇长笑了笑，说："我从他借钱的眼神中，相信他不会欺骗我，我那样做是让他感受到社会和生活不会对他冷酷和遗弃。"

　　一个即将走向极端的人，就这样被镇长拯救了过来。

信任是伸向失望的一双手，一个小小的动作能改变一个人的一生，把信任撒向世界的每一个角落吧，说不定编你的身边会出现一个奇迹。

（佚名）

向死而生

只要对手的心灵没有陷入邪恶的深渊，一般都会欣赏勇敢、气度和正直。这是人性光辉相兼容之处。

古希腊有两个军阀长期争斗，战乱不止，最后一个军阀通过奇袭打败了对手。对手十分勇猛，被羁绊后，仍然大骂对手邪恶，用极其卑劣的手段达到其目的。古希腊对于战争历来有传统，在交战前必须告诉对手自己队伍的人数、装备、交战地点和时间。胜利的军阀一遭对手辱骂，也觉得自己违背了公义，便断了杀他的心，当场解除枷锁，予以释放。

故事见于《蒙田随笔集》。蒙田还说起另外一个故事。

腓尼基国王长期追杀一个士兵，士兵流窜多年终于被捕，押入王宫时，士兵也知必死无疑，不免瑟瑟发抖。到了庭前，士兵忽觉以这样的面目见国王，会被耻笑，便气定神闲地入内。见了国王，他反而高声挑战，要求与国王进行决斗。国王听罢，不敢应声，继而佩服其勇气，下令赦免他全部罪行。

蒙田说，当遭遇非难时，我们只有两种方法：一是低声下气的求饶。另一种就是不屈以显自己的勇敢。只要对手的心灵没有陷入邪恶的深渊，一般都会欣赏勇敢、气度和正直。这是人性光辉相兼容之处。

动物界也有向死而生的勇气，山羊遭狼群猎杀时，走投无路之下，会突然返身，主动进攻恶狼。野马在猎豹的追赶下无法脱身时，也会集体返身，进攻猎豹。从本质意义上说，动物的向死而生也有英雄主义色彩，是血性的一次喷发。但弱小动物的命运最后以惨败被食告终，因为动物之间遵循的是弱肉强食的法则，强者不会欣赏弱者精神层次上的强大。

所以蒙田伤感的说，弱者示强的前提是，对手心中必须无邪恶。

（佚名）

人生低谷时的锅底法则

人生好比一口大锅，当你走到了锅底时，只要你肯努力，无论朝哪个方向，都是向上的。

他出生的时候，恰逢抗战胜利，父亲欣喜之下，就给他取名凌解放，谐音"临解放"，期盼祖国早日解放。几年后，终于盼来全国解放，但是凌解放却让父亲和老师们伤透了脑筋。他的学习成绩实在太糟糕，从小学到中学都留过级，一路跌跌撞撞，直到21岁才勉强高中毕业。

高中毕业后，凌解放参军入伍，在山西大同当了一名工程兵。那时，他每天都要沉到数百米的井下去挖煤，脚上穿着长筒水靴，头上戴着矿工帽、矿灯，腰里再系一根绳子，在齐膝的黑水中摸爬滚打。听到脚下的黑水哗哗作响，抬头不见天日，他忽然感到一种前所未有的悲凉，自己已走到了人生的谷底。

就这样过一辈子，他心有不甘。每天从矿井出来后，他就一头扎进了团部图书馆，什么书都读，甚至连《辞海》都从头到尾啃了一遍。其实，他心里既没有明确的方向，也没有远大的目标，只知道，如果自己再不努力，这辈子就完了。以当时的条件，除了读书，他实在找不出更好的办法来改变自己。

书越看越多，渐渐地，他对古文产生了浓厚兴趣。在部队驻地附近，有一些破庙残碑，他就利用业余时间，用铅笔把碑文拓下来，然后带回来潜心钻研。这些碑文晦涩难懂，书本上找不到，既无标点也没有注释，全靠自己用心琢磨。吃透了无数碑文之后，不知不觉中，他的古文水平已经突飞猛进，再回过头去读《古文观止》等古籍时，就非常容易。当他从部队退伍时，差不多也把团部图书馆的书读完了。就连他自己也没想到，正是这种漫无目的的自学，为自己日后的事业打下了坚实基础。

转业到地方工作后，他又开始研究《红楼梦》，由于基本功扎实，见解独到，很快被吸收为全国红学会会员。1982 年，他受邀参加了一次"红学"研讨会，专家学者们从《红楼梦》谈到曹雪芹，又谈到他的祖父曹寅，再联想起康熙皇帝，随即有人感叹，关于康熙皇帝的文学作品，国内至今仍是空白。言谈中，众人无不遗憾。说者无心，听者有意，他心里忽然冒出一个念头，决心写一部历史小说。

这时候，他在部队打下的扎实的古文功底，终于派上了大用场，在研究第一手史料时，他几乎没费吹灰之力。盛夏酷暑，他把毛巾缠在手臂上，双脚泡在水桶里，既防蚊子又能取凉，左手拿蒲扇，右手执笔，拼了命地写作。几乎是水到渠成，1986 年，他以笔名"二月河"出版了第一部长篇历史小说——《康熙大帝》。从此，他满腔的创作热情，就像迎春的二月河，激情澎湃，奔流不息。他的人生开始解冻。

毫无疑问，如果没有在部队的自学经历，就没有后来名满天下的二月河。他在 21 岁时跌入了人生最低谷，又在不惑之年步入巅峰，从超龄留级生到著名作家，其间的机缘转折，似乎有些误打误撞。但二月河不这么理解，他说："人生好比一口大锅，当你走到了锅底时，只要你肯努力，无论朝哪个方向，都是向上的。"

（佚名）

在时运不济时也永不绝望

作为一个聪明人，他的座右铭是："奋力向前。即使时运不济，
也永不绝望，哪怕天崩地裂。"

李·艾柯卡曾是美国福特汽车公司的总经理，后来又成为了克莱斯勒汽车
公司的总经理。作为一个聪明人，他的座右铭是："奋力向前。即使时运不
济，也永不绝望，哪怕天崩地裂。"他 1985 年发表的自传，成为非小说类书
籍中有史以来最畅销的书，印数高达 150 万册。

艾柯卡不光有成功的欢乐，也有挫折的懊丧。他的一生，用他自己的话
来说，叫做"苦乐参半。"1946 年 8 月，21 岁的艾柯卡到福特汽车公司当了
一名见习工程师。但他对和机器做伴、做技术工作不感兴趣。他喜欢和人打
交道，想搞经销。

艾柯卡靠自己的奋斗，由一名普通的推销员，终于当上了福特公司的总
经理。但是，1978 年 7 月 13 日，他被妒火中烧的大老板亨利·福特开除了。
当了八年的总经理、在福特工作已 32 年、一帆风顺、从来没有在别的地方工
作过的艾柯卡，突然间失业了。昨天他还是英雄，今天却好像成了麻风病患
者，人人都远远避开他，过去公司里的所有朋友都抛弃了他，这是他生命中
最大的打击。"艰苦的日子一旦来临，除了做个深呼吸，咬紧牙关尽其所能
外，实在也别无选择。"艾柯卡是这么说的，最后也是这么做的。他没有倒
下去。他接受了一个新的挑战：应聘到濒临破产的克莱斯勒汽车公司出任
总经理。

艾柯卡，这位在世界第二大汽车公司当了 8 年总经理的事业上的强者，
凭他的智慧、胆识和魄力，大刀阔斧地对企业进行了整顿、改革，并向政府
求援，舌战国会议员，取得了巨额贷款，重振企业雄风。1983 年 8 月 15 日，

艾柯卡把面额高达 8 亿 1348 万多美元的支票，交给银行代表手里。至此，克莱斯勒还清了所有债务。而恰恰是 5 年前的这一天，亨利·福特开除了他。

如果艾柯卡不是一个坚忍的人，不敢勇于接受新的挑战，在巨大的打击面前一蹶不振、偃旗息鼓，那么他和一个普通的下岗职工就没有什么区别了。正是不屈服挫折和命运的挑战精神，使艾柯卡成为了一个世人所敬仰的英雄。

（佚名）

波浪中的歌声

面对困境的时候，也可以垂头丧气地哭泣或哀号；也可以把恐惧和烦恼暂时放在一边，唱只动听的歌，放松自己，也鼓舞别人。

1920 年 10 月，一个漆黑的夜晚，在英国斯特兰腊尔西岸的布里斯托尔湾的洋面上，发生了一起船只相撞事件。一艘名叫"洛瓦号"的小汽船跟一艘比它大十多倍的航班船相撞后沉没了，104 名搭乘者中有 11 名乘务员和 14 名旅客下落不明。

艾利森国际保险公司的督察官弗朗哥·马金纳从下沉的船身中被抛了出来，他在黑色的波浪中挣扎着。救生船这会儿为什么还不来？他觉得自己已经气息奄奄了。渐渐地，附近的呼救声、哭喊声低了下来，似乎所有的生命全被浪头吞没，死一般的沉寂在周围扩散开去。就在这令人毛骨悚然的寂静中，突然——完全出人意料，传来了一阵优美的歌声。那是一个女人的声音，歌曲丝毫也没有走调，而且也不带一点儿哆嗦。那歌唱者简直像面对着客厅里众多的来宾在进行表演一样。

马金纳静下心来倾听着，一会儿就听得入了神。教堂里的赞美诗从没有这么高雅；大声乐家的独唱也从没有这般优美。寒冷、疲劳刹那间不知飞向

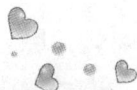

了何处，他的心境完全复苏了。他循着歌声，朝那个方向游去。

靠近一看，那儿浮着一根很大的圆木头，可能是汽船下沉的时候漂出来的。几个女人正抱住它，唱歌的人就在其中，她是个很年轻的姑娘。大浪劈头盖脸地打下来，她却仍然镇定自若地唱着。在等待救生船到来的时候，为了让其他妇女不丧失力气，为了使她们不致因寒冷和失神而放开那根圆木头，她用自己的歌声给她们增添着精神和力量。

就像马金纳借助姑娘的歌声游靠过去一样，一艘小艇也以那优美的歌声为导航，终于穿过黑暗驶了过来。于是，马金纳、那唱歌的姑娘和其余的妇女都被救了上来。

面对困境的时候，也可以垂头丧气地哭泣或哀号；也可以把恐惧和烦恼暂时放在一边，唱只动听的歌，放松自己，也鼓舞别人。

（佚名）

把你的梦想交给自己

那一瞬间，我突然明白，那张床不属于我，这样得来的梦想是短暂的。我应该远离它，我要把自己的梦想交给自己，去寻找真正属于我的那张床！现在我终于找到了。

19世纪初，美国一座偏远的小镇里住着一位远近闻名的富商，富商有个19岁的儿子叫伯杰。

一天晚餐后，伯杰欣赏着深秋美妙的月色。突然，他看见窗外的街灯下站着一个和他年龄相仿的青年，那青年身着一件破旧的外套，清瘦的身材显得很羸弱。

他走下楼去，问那青年为何长时间地站在这里？

青年满怀忧郁地对伯杰说："我有一个梦想，就是自己能拥有一座宁静的公寓，晚饭后能站在窗前欣赏美妙的月色。可是这些对我来说简直太遥远了。"

伯杰说："那么请你告诉我，离你最近的梦想是什么？"

"我现在的梦想，就是能够躺在一张宽敞的床上舒服地睡上一觉。"

伯杰拍了拍他的肩膀说："朋友，今天晚上我可以让你梦想成真。"

于是，伯杰领着他走进了堂皇的公寓。然后把他带到自己的房间，指着那张豪华的软床说："这是我的卧室，睡在这儿，保证像天堂一样舒适。"

第二天清晨，伯杰早早就起床了。他轻轻推开自己卧室的门，却发现床上的一切都整整齐齐，分明没有人睡过。伯杰疑惑地走到花园里。他发现，那个青年人正躺在花园的一条长椅上甜甜地睡着。

伯杰叫醒了他，不解地问："你为什么睡在这里？"

青年笑笑说："你给我这些已经足够了，谢谢……"说完，青年头也不回地走了。

30年后的一天，伯杰突然收到一封精美的请柬，一位自称是他"30年前的朋友"的男士邀请他参加一个湖边度假村的落成庆典。

在这里，他不仅领略了眼前典雅的建筑，也见到了众多社会名流。接着，他看到了即兴发言的庄园主。"今天，我首先感谢的就是在我成功的路上，第一个帮助我的人。他就是我30年前的朋友——伯杰……"

说着，他在众多人的掌声中，径直走到伯杰面前，并紧紧地拥抱他。

此时，伯杰才恍然大悟。眼前这位名声显赫的大亨特纳，原来就是30年前那位贫困的青年。

酒会上，那位名叫特纳的"青年"对伯杰说："当你把我带进寝室的时候，我真不敢相信梦想就在眼前。那一瞬间，我突然明白，那张床不属于我，这样得来的梦想是短暂的。我应该远离它，我要把自己的梦想交给自己，去寻找真正属于我的那张床！现在我终于找到了。"

（佚名）

突围的精神

　　仔细想来，每个人其实都有着这样那样的"围"：主观上的认识上的偏见，个性上的不足，客观上的陈规陋习等都制约着我们实现生命价值的最大化。

　　出生于美国的普拉格曼连高中也没有读完，却成为一位非常著名的小说家。在他的长篇小说授奖典礼上，有位记者问道：你事业成功最关键的转折点是什么？大家估计，他可能会回答是童年时母亲的教育，或者少年时某个老师特别的栽培。然而出人意料的是，普拉格曼却回答说，是二战期间在海军服役的那段生活：

　　1944年8月一天午夜，我受了伤。舰长下令由一位海军下士驾一艘小船趁着夜色送身负重伤的我上岸治疗。很不幸，小船在那不勒斯海迷失了方向。那位掌舵的下士惊慌失措，想拔枪自杀。我劝告他说：你别开枪。虽然我们在危机四伏的黑暗中漂荡了四个多小时，孤立无援，而且我还在淌血……不过，我们还是要有耐心……说实在的，尽管我在不停地劝告着那位下士，可连我自己都没有一点信心。但还没等我把话说完，突然前方岸上射向敌机的高射炮的爆炸火光闪亮了起来，这时我们才发现，小船离码头不到三海里。

　　普拉格曼说：那夜的经历一直留在我的心中，这个戏剧性的事件使我认识到，生活中有许多事被认为不可更改的不可逆转的不可实现的，其实大多数时候，这只是我们的错觉，正是这些"不可能"才把我们的生命"围"住了。一个人应该永远对生活抱有信心，永不失望。即使在最黑暗最危险的时候，也要相信光明就在前头……二战后，普拉格曼立志成为一个作家。开始的时候，他接到过无数次的退稿，熟悉的人也都说他没有这方面的天分。但每当普拉格曼想要放弃的时候，他就想起那戏剧性的一晚，于是他鼓起勇气，一次次突破生活中各种各样的"围"，终于有了后来眩目的灿烂和辉煌。

想起了另一个故事。一天早晨，电报收发员卡纳奇来到办公室的时候，得知由于一辆被撞毁的车子阻塞了道路，铁路运输陷入瘫痪。更要命的是，铁路分段长司各脱不在。按照条例，只有铁路分段长才有权发调车令，别人这样做会受到处分，甚至被革职。车辆越来越多，喇叭声、行人的咒骂声此起彼伏，有人甚至因此动起手来。"不能再等下去了。"卡纳奇想。他毅然发出了调车电报，上面签着司各脱的名字。司各脱终于回来了，此时阻塞的铁路已畅通无阻，一切顺利如常。不久，司各脱任命卡纳奇为自己的私人秘书，后来司各脱升职后，又推荐卡纳奇做了这一段铁路的分段长。发调车令属于司各脱的职权范围，其他人没人敢突破这个"围"，卡纳奇这样做了，结果他成功了。

仔细想来，每个人其实都有着这样那样的"围"：主观上的认识上的偏见，个性上的不足，客观上的陈规陋习等都制约着我们实现生命价值的最大化。如果我们想在一生中有所作为，我们就必须要学会不停地突围。

然而，一个人要突破各种各样的"围"，不是一件容易的事。首先，我们要有识"围"的智慧。有的"围"是明摆着的，我们一看就知道它妨碍着我们走向远方。但有的"围"是"糖衣炮弹"，你看不到它对你的妨碍，或许你看到了也会有意无意地纵容它挤占心灵的地盘。其次，我们要有破"围"的实力。要突破主观的"围"，我们只需依赖意志；突破客观的"围"，则必须依靠人才、能力了。比起前者，后者的获得更艰难，付出的人生代价也更惨重。

（佚名）

成功不是穷奔跑

我们要获得更大的成绩，除了要学会奔跑，更要学会休息，学会看好脚下的路。大家是否想过，狂奔的狮子与羚羊能欣赏草原的露珠和日出的绚烂吗？

公司新员工的培训手册里有一个故事：清晨，非洲草原的狮子与羚羊从睡梦中醒来，一头狮子对自己说：“今天，我必须奔跑得更快一些，这样我才能追上跑得最慢的羚羊，不至于被饿死。”一头羚羊对自己说：“今天，我必须奔跑得更快一些，才不会被狮子咬死。”

公司扩大生产，要招聘一批本科毕业生，老总要亲自面试，我帮忙准备。

晴朗的下午，老总开始讲述狮子与羚羊的故事。尽管也许早就听说了这个故事，但应聘者们还是外松内紧地打着腹稿，准备发言。

一位应聘者站起来说道：多么奇妙的事情啊，强如狮子，弱似羚羊，差别不可谓不大，然而在物竞天择的广阔天地里，两者面临的压力都是同等的。可见，对手说到底也就是自己，要逃避死亡的追逐，首先就要战胜自己，必须越跑越快，因为稍一松懈，便会成为他人的战利品，决无重赛机会。

台下响起了一片热烈的掌声。

另一位应聘者则道：动物最大的敌人是自己，人类何尝不是这样？不管你是总裁还是清洁工，为了保住自己的职位，不是得尽心尽责，全力以赴吗？大家的选择都一样，要么做得更好，要么被淘汰。在新的一天来临时，还是对自己叫一声“加油吧”！

台下又响起了一片热烈的掌声。

一个接一个的应聘者发表着观点。一个个意气风发，口若悬河。老总轻轻地点头。

终于轮到最后一位应聘者发表意见。他语气沉重地说："我想学老总，也给大家讲一个故事。"

"我考上初中那一年，父亲带我去海边度假。父亲是小老板，看见一个穷汉躺在沙滩上晒太阳，想借机对我教育一番，便走过去批评穷汉：'你真懒，大好时间不去工作挣大钱，你看我，因为努力工作，现在将成大富翁。'穷汉问：'你成了大富翁有什么好呢？'父亲说：'我就有大把的钱去休闲度假晒太阳啊！'穷汉翻了个身，懒洋洋地说：'那你看我现在在干吗呢？'"话音刚落，会议厅里一片唏嘘声。

没料到他继续说道："我为老总讲的故事而喝彩，但我更为我与父亲经历的这一个故事而感慨万千。"

"其实我没有本科文凭，我只是名中专生，根本没资格进入这座繁华的大厅，是我央求人事部专员给了我这个机会。"他接着说道："我这名中专生为了找到一份满意的职业先后跑破了三双鞋。可是无论我跑得多快，在招聘者眼中我依旧是一只跑得慢的羚羊，他们几乎连我的材料都不看，便宣布我被淘汰。显而易见，海滩故事属于过去的年代，而奔跑故事才是与时俱进的'励志篇'。于是，不管是否情愿，大家都被狂奔的人流裹挟着疯跑。然而，成功无止境，奔跑无穷期。难道人生真的就如狮子与羚羊的博弈吗？难道我们的人生理想就是奔跑、奔跑、不停地奔跑吗？如果人生的要旨就是必须在气喘吁吁的奔跑中获取、在气喘吁吁的奔跑中逃生，活着还是一件有趣的事吗？"

会议厅很静，几乎所有的人都认定这名中专生就像被狮子逮到的羚羊被判了"死刑"。

良久，会议厅里响起了一声清脆的掌声。掌声是老总发出的。他从皮椅上站起来，激动地说："我一直以为，《狮子与羚羊》是一个催人奋进的故事。它曾激励我走过了艰苦的创业期。所以我深信，这个故事将永远激励我的员工推动企业步入辉煌。我甚至用'前面有金钱，后面有老虎'的格言来勉励员工。现在企业大了，有了一批得力的管理干部，我成了富翁。重读这个故事，每读一遍，我都能悟到新的东西。我为这名中专生朋友的勇气感到敬佩，为他的逆向思维感到欣喜。我并不鼓励大家在工作上偷工减料，打折扣偷懒。但工作是枯燥的，我们要获得更大的成绩，除了要学会奔跑，更要学会休息，学会看好脚下的路。大家是否想过，狂奔的狮子与羚羊能欣赏草原的露珠和日出的绚烂吗？一个企业需要各种各样的人，需要跑得快的狮子拓展我们的市场，也需要跑得慢但很稳健的羚羊来打理我们的大后方。让他们各得其所，才是健康的有生命力的企业。看来我们的企业理念要不断创新。"

最后老总走到那名中专生面前握着他的手说："恭喜你，你这只'羚羊'被录用了！"

（佚名）

寻找"新大陆"

> 哥伦布始终没有动摇，也没有抱怨，在他的心中有一种巨大的力量支持着他，那就是——热忱。他只是不停地行动着。

1492年8月的一天，哥伦布带领着一支航海队出发了，他们由西班牙国王派遣，去寻找"新大陆"。他们在无边无际的大海上航行了一个多月后，始终没看到陆地的影子。眼前能看到的只是一望无际的海水。

船上的水手们开始沮丧，后悔不该跟着这个叫哥伦布的疯子去找什么鬼陆地！有的水手懒洋洋地躺在甲板上、船舱里，嘴里不断地叫骂着，有的水手则忍不住去质问哥伦布："海军上将先生，你究竟要把我们带到哪里去？""陆地在哪儿呀？鬼才知道！""我不想干了，我要回去！"

然而，哥伦布始终没有动摇，也没有抱怨，在他的心中有一种巨大的力量支持着他，那就是——热忱。他只是不停地行动着。他看了一位大学教授送给他的地球仪和穿越大西洋的地图后，意志更坚定了。他信心百倍地对队员们说："3 天之后就能够找到陆地，到那时，我将付给大家双倍的工资。"

果然，一天早晨，一名水手站在高高的桅杆上惊喜地叫了起来："陆地！陆地！陆地！"大家借着昏黄的月光，看见了不远处平坦的沙丘。他们拥抱着，跳跃着，有的船员甚至兴奋得跳起舞来。随即这块陆地被哥伦布命名为圣萨尔瓦多，意即"救世主"的意思。那些曾经不停抱怨的人都感到很惭愧，他们更加佩服哥伦布了。

在陆地上考察了两个多月后，哥伦布将 39 名水手留在了岛上，为他们建筑了房屋，并留下一年吃的东西，自己则带着其他水手驾船返航。在返航途中，不幸遇到了令人心惊胆战的暴风雨，被狂风刮起的巨浪汹涌着冲向船只，扑打着甲板，桅杆被吹断了，风帆也被刮得四分五裂。大家都感受到了死亡的恐惧。于是，一些水手又开始抱怨了。他们骂哥伦布带他们走向死亡，骂自己太蠢，后悔干吗不留在陆地上？他们还埋怨鬼天气，埋怨轮船太破……

但是，哥伦布仍镇静地做着他认为应该做的事情。其实他比船上的其他人更清楚面临的是怎样的困难，但他想到的不是抱怨，而是想着怎样面对已经发生的问题，怎样去解决问题。

为了能把航海的情况报告西班牙国王，哥伦布让船员把他捆在一张固定的椅子上，在膝盖上绑了一块大木板，找来羊皮纸，把发现新大陆和 39 名水手留在岛上的情况都记录了下来，然后把纸裹在一块涂了蜡的亚麻布里，塞进小木桶。做好这些以后，他解开捆在身上的绳子，跌跌撞撞地走上了甲板，把小木桶投进大海。

幸运的是，轮船最终经受住了飓风的袭击，曲曲折折地回到了西班牙。他带回的鹦鹉、长矛、华丽的羽毛等物，使西班牙人认识了另外一个世界。

（佚名）

继母的鼓励

　　继母的热忱不仅把一个"坏孩子"拿破仑·希尔塑造成了一个成功的人物，而且使那个贫苦的一家过上了幸福富裕的生活。

　　拿破仑·希尔小时候居住在维吉尼亚州贫困的乡下。9岁的时候，他的父亲便娶继母进门。而她则来自较好的家庭。

　　拿破仑·希尔的父亲一边向继母介绍，一边说："我希望你注意这个全镇最坏的男孩，他可能在明天早晨就会向你投石头。"

　　继母听到这些话之后，走到拿破仑·希尔面前，并托起他的头看着，接着她看着丈夫说："你错了，这不是全镇最坏的孩子，而是最聪明的男孩，但还没有找到发泄热忱的地方。"小希尔听了这段话之后大受感动，就凭着这一段话而开始与她建立友谊，也就是这段友谊，使他创造了成功的17项原则，并将这些原则的影响力发扬光大。在她来之前没有人称赞过他聪明，拿破仑·希尔的父亲和邻居们都认定他是坏男孩，而拿破仑·希尔也真的表现一些坏行为给他们看，但是继母就只说了那一句话，便改变了一切。

　　她还鼓励她的丈夫去念牙医学校，并以优异的成绩从那所学校光荣毕业。她把全家迁到城里，以便丈夫的牙科诊所在那里会有较好的生意，而希尔和兄弟也可接受较好的教育。希尔的父亲最初反对这些建议，但最后还是在她的热忱之下屈服了。

　　拿破仑·希尔14岁时，她送给他一部二手打字机作为生日礼物，并且鼓励他成为一位作家。希尔了解她的热忱，也很欣赏她的那股热忱，他亲眼看到她的那股热忱是如何改善了家庭生活。希尔怀着感激之情接受她的想法，并开始向当地一家报社投稿。继母的热忱，不但使希尔有能力抓住这个机会，而且为他后来的成功铺好一条坚实的道路。希尔不是唯一得到恩惠的人，他的父亲最后成为城里最富裕的人，而他的兄弟之中有物理学家、牙医师、律师和一位大学校长。

继母的热忱不仅把一个"坏孩子"拿破仑·希尔塑造成了一个成功的人物，而且使那个贫苦的一家过上了幸福富裕的生活。

（佚名）

快乐是一种习惯

快乐其实是一种习惯，不管大环境怎么变，EQ 高手的快乐决心是不会改变的。

到处都不景气，你的心情是否也染上了些许低迷呢？一大早，我跳上一部出租车，要去深圳郊区一企业做内训。因正好是尖峰时刻，没多久车子就卡在车阵中，此时前座的司机先生开始不耐烦地叹起气来。随口和他聊了起来："最近生意好吗？"后照镜的脸垮了下来，声音臭臭的："有什么好？到处都不景气，你想我们出租车生意会好吗？每天十几个小时，也赚不到什么钱，真是气人！"

显然这不是个好话题，换个主题好了，我想。于是我说："不过还好你的车很大很宽敞，即便是塞车，也让人觉得很舒服……"他打断了我的话，声音激动了起来："舒服个鬼！不信你来每天坐 12 个小时看看，看你还会不会觉得舒服！？"接着他的话匣子开了，抱怨政府无能、车价还要下调，社会不公，所以人民无望。我只能安静地听，一点儿插嘴的机会也没。

第二天同一时间，我再一次跳上了出租车，去郊区同一家企业做训练，然而这一次，却开启了迥然不同的经验。一上车，一张笑容可掬的脸庞转了过来，伴随的是轻快愉悦的声音："你好，请问要去哪里？"真是难得的亲

切，我心中有些讶异，随即告诉了他目的地。他笑了笑："好，没问题！"然而走没两步，车子又在车阵中动弹不得了起来。前座的司机先生手握方向盘，开始轻松地吹起口哨哼起歌来，显然今天心情不错。于是我问："看来你今天心情很好嘛！"

他笑得露出了牙齿："我每天都是这样啊，每天心情都很好。""为什么呢？"我问："大家不都说景气差，工作时间长，收入都不理想吗？"司机先生说："没错，我也有家有小孩要养，所以开车时间也跟着拉长为12个小时。不过，日子还是很开心过的，我有个秘密……"他停顿了一下："说出来先生你别笑我，好吗？"

他说："我总是换个角度来想事情。例如，我觉得出来开车，其实是客人付钱请我出来玩。像今天一早，我就碰到你，花钱请我跟你到关外玩，这不是很好吗？等到了关外，你去办你的事，我就正好可以顺道赏赏关外的景色，抽根烟再走啦！"他继续说："像前几天我载一对情侣去东湖水库看夕阳，他们下车后，我也下来喝碗鱼丸汤，挤在他们旁边看看夕阳才走，反正来都来了嘛，更何况还有人付钱呢？"

我突然意识到自己有多幸运，一早就有这份荣幸，跟前座的EQ高手同车出游，真是棒极了。又能坐车，心情又开心，这样的服务有多难得，我决定跟这位司机先生要电话，以便以后有机会再联系他。接过他名片的同时，他的手机铃声正好响起，有位老客人要去机场，原来喜欢他的不只我一位，相信这位EQ高手的工作态度，不但替他赢到了心情，也必定带进许多生意。

心理学家发现，快乐其实是一种习惯，不管大环境怎么变，EQ高手的快乐决心是不会改变的。当我们能换一种心态去看待自己的工作，并带着游戏般的愉快心情面对工作，你会发觉自己的内在能量强大许多，抗压应变的功力也因此大为增进，而这，也正是贯彻快乐决心的漂亮做法。我自己就常觉得，工作其实是一种伪装，让我有很好的借口及机会，能因着演讲及各种活动，去认识许许多多有趣精彩的人，这不是很过瘾吗？

只要调整了心态，你的心情，就能抛开不景气的阴影，自创一片格局。

（佚名）

智慧是人生无价的财富

　　在聪颖、精明的犹太人眼里，任何东西都是有价的，都能失而复得，只有智慧才是人生无价的财富，它引导人通向成功，而且永不会贫穷。

　　二战期间，在奥斯维辛集中营里，一个犹太人对他的儿子说："现在我们唯一的财富就是智慧，当别人说一加一等于二的时候，你应该想到大于二。"纳粹在奥斯维辛毒死了几十万人，父子俩却活了下来。

　　1946 年，他们来到美国，在休斯敦做铜器生意。一天，父亲问儿子："一磅铜的价格是多少？"儿子答道："35 美。"父亲说："对，整个得克萨斯州都知道每磅铜的价格是 35 美分，但作为犹太人的儿子，应该说 35 美元。你试着把一磅铜做成门把看看。"

　　20 年后，父亲死了，儿子独自经营铜器店。他做过铜鼓，做过瑞士钟表上的簧片，做过奥运会的奖牌。他曾把一磅铜卖到 3500 美元，这时他已是麦考尔公司的董事长。然而，真正使他扬名的，是纽约州的一堆垃圾。

　　1974 年，美国政府为清理给自由女神像翻新扔下的废料，向社会广泛招标。但好几个月过去了，没人应标。正在法国旅行的他听说后，立即飞往纽约，看过自由女神下堆积如山的铜块、螺丝和木料后，未提任何条件，当即就签了字。

　　纽约许多运输公司对他的这一愚蠢举动暗自发笑。因为在纽约州，垃圾处理有严格规定，弄不好会受到环保组织的起诉。就在一些人要看这个犹太人的笑话时，他开始组织工人对废料进行分类。他让人把废铜熔化，铸成小自由女神；把水泥块和木头加工成底座；把废铅、废铝做成纽约广场的钥匙。最后，他甚至把从自由女神身上扫下的灰包装起来，出售给花店。不到 3 个月的时间，他让这堆废料变成了 350 万美元现金，每磅铜的价格整整翻了 1 万倍。

生在犹太家庭里的孩子在他们的成长过程中，负责启蒙教育的母亲们几乎都要求他们回答一个问题："假如有一天你的房子被烧了，你的财产就要被人抢光，那么你将带着什么东西逃命？"孩子们少不更事，天真无知，自然会想到钱这个好东西，因为没有钱哪能有吃的穿的玩的？也有孩子说要带着钻石或者其他珍宝出逃，有了它，还愁缺啥？可这些显然不是母亲们所要的答案。

她们会进一步问："有一种没有形状、没有颜色、没有气味的宝贝，你知道是什么吗？"要是孩子们回答不出来，母亲就会说："孩子，你要带走的不是钱，也不是钻石，而是智慧。因为智慧是任何人都抢不走的。你只要活着，智慧就永远跟着你。"

在聪颖、精明的犹太人眼里，任何东西都是有价的，都能失而复得，只有智慧才是人生无价的财富，它引导人通向成功，而且永不会贫穷。

（佚名）

获得人生的智慧

重要的是你要循着你内心正面的引导着真正地去寻找它，并且不要被复杂的外力所带来的困惑，而要专注、单纯地思考，那么，你将会听到清晰的滴答声，你也终将获得人生的智慧。

英国某家报纸曾举办一项高额奖金的有奖征答活动。题目是：在一个充气不足的热气球上，载着 3 位关系人类兴亡的科学家。第一位是环保专家，他的研究可拯救无数人免于因环境污染而面临死亡的噩运。第二位是原子专家，他有能力防止全球性的原子战争，使地球免于遭受灭亡的绝境。第三位是粮食专家，他能在不毛之地运用专业知识成功地种植谷物，使几千万人脱离因饥荒而亡的命运。此刻热气球即将坠毁，必须丢出一个人以减轻载重，使其余2人得以生存。请问，该丢下哪一位科学家？问题刊出后，因为奖金的数额相当庞大，各地答复的信件如雪片飞来。在这些答复的信中，每个人皆竭尽所能，甚至天马行空地阐述他们认为必须丢下哪位科学家的见解。最后结果揭晓，巨额奖金得主是一个小男孩。他的答案是——将最胖的那位科学家丢出去。

小男孩睿智而幽默的答案，是否给我们以足够的提醒：单纯的思考方式，往往比钻牛角尖更能获得良好的成功。任何疑难问题的最好的解决方法，只有一种，就是能真正切合该问题所需求的，而非惑于问题本身的盲目探讨。

一位农场主巡视谷仓时，不慎将一只名贵的手表遗失在谷仓里。他遍寻不获，便定下赏价，承诺谁能找到手表，就给他50美元。人们在重赏之下，都卖力地四处翻找，可是谷仓内到处都是成堆的谷粒，要在这当中找寻一只小小的手表，谈何容易。许多人一直忙到太阳下山，仍一无所获，只好放弃了50美元的诱惑而回家了。仓库里只剩下一个贫困的小孩，仍不死心，希望能在天完全黑下来之前找到它，以换得赏金。谷仓中慢慢变得漆黑，小孩虽然害怕，仍不愿放弃，不停地摸索着，突然他发现在人声安静下来之后，有一个奇特的声音。那声音滴答、滴答不停地响着，小孩顿时停下所有的动作，谷仓内更安静了，滴答声也变得十分清晰，是手表的声音。终于，小孩循着声音，在漆黑的大谷仓中找到了那只名贵的手表。

这个小孩成功的法则其实很简单：专注地对待一件事，你总会打开成功的门栓。

在喧闹的尘世中生活久了，我们会忘记曾经有过的简单的日子。心灵不再像从前一样纯净，而是充斥了很多自寻烦恼的细胞。有人把这种变化解释为成熟，然而就是这种自以为是的成熟，使我们在生活的道路上人为地设置了很多不必要的路障。把2个孩子的故事结合起来，也就是等于告诉我们一个成功的法则，那就是专注与单纯。

其实，它原本就存在于每个人的心中，重要的是你要循着你内心正面的引导着真正地去寻找它，并且不要被复杂的外力所带来的困惑，而要专注、单纯地思考，那么，你将会听到清晰的滴答声，你也终将获得人生的智慧。

（佚名）

将有限的价值无限放大

把自己有限的知识和才华进行无限地放大、进行淋漓尽致地挥洒，那么生命就会焕发出无限的活力，放射出无穷的光彩！

早年一位美国商人破产时，很伤心地把三个儿子叫到身边说，我留给你们的财产只有可怜的三样东西——一本价值一百美元的经济论著，一辆折合一千美元刚刚购买的大卡车，以及五百美元的现金。你们各自挑选一样吧，以后就看各自的努力了！

老大挑了经济论著，老二选了卡车，老三要了现金。

一年之后，三兄弟聚在一块，聊起了这年来的各自收获。老大率先开口，我花了半年时间认真拜读和钻研了论著，之后用半年时间到大学里讲学，挣了五千美元。老二骄傲地说，我这一年相当辛劳，用那辆不错的卡车为商场运货，还经常跑长途，已经赚了两万美元。

老三平静地说，其实，当初我最想要的是卡车，可是二哥选走了。我拿着那五百美元，去了二手车市场，以一百美元一辆的价格买了四辆旧卡车，之后花了八十美元对卡车进行维修。剩下的二十美元花在了旧书店里，我买了一本和大哥一样的二手经济论著。我雇用了四个司机，让他们跑长途运输。平时，我的任务就是联系业务，抽空看书充实自己，把学到的东西拓展到运输业务当中。赚来的钱，我一部分用来给司机发工资，另一部分再购买二手卡车，扩大再生产。我现在的现金和固定资产不低于一百万美元。

美国三兄弟的故事，给了我很多启发。无论是一百美元的经济论著，还是五百美元现金，或是一千美元的卡车，对于一个想成就大事业的商人来说，价值都是有限的。

老三最聪明之处就在于，将有限的价值进行无限地放大！不难想象，即使老三得到的是那本经济论著，他同样会发财，他一定会把讲学得到的钱用来购买二手卡车。如果他得到了那辆 1000 美元的大卡车那就更好了，他会以新换旧购买 8 辆二手车，业务一定比现在做得更大。而老二和老大只是在利用"一本书"和"一辆车"的有限价值，仅此而已。

（佚名）

第三辑　走向多彩人生

我们的未来，在远处若隐若现，给了我们无限遐想的空间。在驶向未来的路上，我们需要的，是一颗坚定的心，是一种永不放弃的信念，还有一种能够影响周围人的感染力。只要我们拿出信心、决心和毅力，成功，就会青睐我们，未来，也尽在我们的掌握中。

幸福在平淡中活出精彩

有人活着，不知道自己想要的是什么。于是盲目地羡慕，盲目地追求，往往却总是与幸福擦身而过。

很喜欢一句话："上帝给了每一个人一杯水，于是，你从里面饮入了生活。"

人可以追求可以选择自己喜欢的生活方式，却无法摈弃生活的本质。生活原本是一杯水，贫乏与富足、权贵与卑微等等，都不过是人根据自己的心态和能力为生活添加的调味。有人喜欢丰富刺激的生活，把它拌成多味酱。有人喜欢苦中作乐的生活，把它搅成咖啡。有人喜欢在生活中多加点蜜，把它和成糖水。有人喜欢把生活泡成茶，细品其中的甘香。还有人什么也不加，只喜欢原汁原味的白开水。更有人不知不觉地把生活熬成苦药，甚至是毒药，亲手把自己的生活埋葬。

什么样的生活才是幸福的生活呢？其实，幸福只是一种心态。你感到幸福，生活便是幸福无比，你感到痛苦，生活便痛苦不堪。同是一片天，有人抬头看见的是阴翳层层，有人却可以透过云层感受那无际的蔚蓝。

一次回老家探亲，偶遇多年未见的儿时的伙伴。彼此都感到惊喜，于是便相约彻夜长谈。与朋友交谈中，我才知道，她经受过许多苦难，但是，我却未能从她那开朗的笑容中发现丝毫的痕迹。她早年丧母，全靠她帮助父亲把三个弟妹供上大学。后来嫁人了，又遭遇家婆病重，病愈后却瘫痪了。她丈夫是个乡村小学教师，收入也不多，而她本人开始时只是一名代课的老师，工资就更低了。为了支撑这个家，她向村里人要了人家不愿耕种的田地，下课以后就去侍弄，自己吃不完的还可以拿到市场上去卖。晚上不但要备课，照顾家婆，还要安顿两个年幼的孩子。我还听说，虽然她总是那么忙，但是

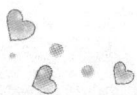

她从来没有因为家而拖累自己的工作学习。在学校，她的教学水平不比那些从正规学校出来的老师差，她教的学生评比出来还是年年第一。有空的时候，她还会带着孩子去远足，去郊游。今年她还参加了民办教师转正考试，结果考了全县第一。

我问她，会觉得辛苦吗？她爽朗的笑了。她说，生活虽然清苦些，但很踏实，很满足。常常，看着一家人和和美美地坐在一起吃饭，上课时看到孩子们充满渴望的眼睛，劳作时看到那一片绿得流油的庄稼，心里就感到一种难言的幸福。她说，人不是有钱就幸福，但是钱少些，同样可以过得很幸福。她是一位心灵手巧的女人。丈夫的衬衫领子有点破了，她把领子拆下翻过来重新缝上，又可以穿它一年半载。孩子没有衣服穿了，她把自己穿旧的衣服裁剪下来给孩子做衣服。有邻居丢掉的窗帘，她觉得布料还好，便要来做成桌布、屏风。自己呢，则常常穿亲友穿过的旧衣裳，大的可以改小，还可以按自己喜欢的风格改成新的样式。

望着她那黑中带红，在桔黄的灯光下闪着健康的光泽的脸，我心里不由地感到自惭。以前回家，乡里的老人总会半带开玩笑得说我，能轻松地在生活在城里，是多么幸福。想到有比自己生活得并不怎么样的熟人，偶尔还会沾沾自喜。然而，在她面前，所有的优越感都荡然无存。我也不敢跟她讨论，到底，什么是生活，什么是幸福。

我不敢对她说，有好些城里的朋友，她们生活得怎么安闲富足。她们谈论着自己的衣饰花了几百还是几千元，款式如何如何新潮，她们指点着谁家的车子不是高档车，她们谩骂着昨晚那顿饭餐根本不值几千元，她们还没有下班，便开始相约今晚在谁家打牌搓麻将……她们每天也不住地发着牢骚，她们常常觉得很累，孩子、丈夫仿佛还不了解她们。她们走在大街上流露的是冷漠苍白的眼神，华丽的外衣裹着一颗永无餍足的心。她们幸福吗？只有她们自己内心才知道，但我明白那一定不是我们向往的幸福。生活只是一杯白开水，然而她们却给自己的那一杯调了过多贪欲的色彩，她们肆意地挥霍她们过早地透支自己的那杯水。

有人活着，不知道自己想要的是什么。于是盲目地羡慕，盲目地追求，往往却总是与幸福擦身而过。其实，每个人不论在任何处境下，只要端正自己的心态，学会把握、学会满足、学会感恩，生活就会幸福。同时，幸福也不是可以用你能得到多少财物拥有多少名誉来衡量，社会的和谐、家庭的和睦、身体的健康才会让人感到真正幸福。

生活只是那一杯水，要靠自己慢慢去品味，细细去咀嚼，用心去欣赏，你才能发现，原来，最幸福的生活，就是在那如水的平淡中活出精彩。

（佚名）

认真的快递小子

我终于相信了，认真是有力量的，那种力量，足以让小小的青涩橘子开出花来。

他是个快递小子，20岁出头，其貌不扬，还戴着厚厚的眼镜，一看就知道刚做这行，竟然穿了西装打着领带，皮鞋也擦得很亮。说话时，脸会微微地红，有些羞涩，不像他的那些同行，穿着休闲装平底鞋，方便楼上楼下地跑，而且个个能说会道……

几乎每天都有一些快递小子敲门，有些是接送快递的物品，但大多是来送名片，宣传业务。现在的快递公司很多，也确实很方便，平常公事私事都离不开他们。所以他们送来的名片，我们都会留下，顺手塞进抽屉里，用的时候随便抽一张，不管张三李四，打个电话，很快就会过来一个穿着球鞋背着大包的男孩子……

那次他是第一次来，也是送名片。只说了几句话，说自己是哪家公司的，然后认真地用双手放下名片就走了。皮鞋踩在楼道的地板上发出清脆的响声。有同事说，这个傻小子，穿皮鞋送快件，也不怕累。

几天后又见到他。接了他名片的同事有信函要发，兴许丁军辉的名片在

最上面，就给他打了电话。电话打过去，十几分钟的样子，他便过来了。还是穿了皮鞋，说话还是有些紧张。

单子填完，他慎重地看了好几遍才说了谢谢，收费找零，零钱，谨慎地用双手递过去，好像完成一个很庄重的交接仪式。

因为他的厚眼镜他的西装革履，他的沉默他的谨慎，就下意识地记住了他。隔了几天给家人寄东西，就跟同事要了他的电话。

他很快过来，仔细地把东西收好，带走。没隔几天，又送过几次快件过来。

刚做不久的缘故，他确实要认真许多，要确认签收人的身份，又等着接收后打开，看其中的物品是否有误，然后才走。所以他接送一个快件，花的时间比其他人要多一些，由此推算，他赚的钱不会太多。觉得这个行业，真不是他这样的笨小子能做好的。

转眼到了"五一"，放假前一天快中午的时候，听到楼道传来清晰的脚步声，随后有人敲门。竟然是他，丁军辉。他手里提着一袋红红的橘子，进了门没说话，脸就红了。

"是你啊？"同事说，"有我们的快件吗？"他摇头，把橘子放到茶几上，看起来很不好意思，说："我的第一份业务，是在这里拿到的。我给大家送点水果，谢谢你们照顾我的工作，也祝大家劳动节快乐。"

这是印象中他说得最长的一句话，好像事先演练过，很流畅。他走后，有人说道，这小子，倒笨得挺有人情味的。

也许因为他的橘子、他的人情味，再有快递的信件和物品，整个办公室的人都会打电话找他。还顺带着把他推荐给了其他部门。

丁军辉朝我们这里跑得明显勤了，有时一天跑了四趟。

这样频繁地接触，大家也慢慢熟悉起来。丁军辉在很热的天气里也要穿着衬衣，大多是白色的，领口扣得很整齐。始终穿皮鞋，从来都不随意。有次同事跟他开玩笑说，你老穿这么规矩，一点不像送快递的，倒像卖保险的。

他认真地说，卖保险都穿那么认真，送快递的怎么就不能？我刚培训时，领导说，去见客户一定要衣衫整洁，这是对对方最起码的尊重，也是对我们职业的尊重。

我们又笑，他大概是这行里最听话的员工吧？这么简单的工作，他做得比别人辛苦多了，可这样的辛苦，最后能得到什么呢？他好像做得越来越信心百倍，我们的态度却不乐观，觉得他这么笨的人，想发展不太容易。

果然，丁军辉的快递生涯一干就是两年。

两年里他除去换了一副眼镜，衣着和言行基本上没有变化。工作态度依旧认真，从来没听到他有什么抱怨。

那天我打电话让他来取东西。我的大学同窗在一所中专学校任教，"十一"结婚，我有礼物送她。填完单子，丁军辉核对时冷不丁地说："啊，是我念书的学校。"他的声音很大，把我吓了一跳。他又说了一遍，"我也是在那里毕业的。"

这次我听明白了，不由抬起头来，有些吃惊地看着他。"你也在那里上过学吗？"

可能那个地址让他有些兴奋，他一连串地说："是啊是啊，我是学财会的，2004年刚毕业。"

天！这个其貌不扬的快递小子，竟然是个正规学校的中专生。

我忍不住问他："你有学历也有专业特长，怎么不找其他工作？"

面对这样的询问，他有些不好意思，说"当时没以为专业适合的工作那么难找，找了几个月才发现实在太难了。我家在农村，挺穷的，家里供我念完书就不错了，哪能再跟他们要钱。正好快递公司招快递员，我就去了。干着干着觉得也挺好的……"

"那你当初学的知识不都浪费了？"我还是替他惋惜。

"不会啊。送快递也需要有好的统筹才会提高效率，比如把客户根据不同的地域、不同的业务类型明细分类，业务多的客户一般送什么，送到哪里，私人的如何送……通常看到客户电话，就知道他的具体位置，大概送什么，需要带多大的箱子……"他嘻嘻地笑，"知识哪有白学的？"

我真对他有些另眼相看了，没想到笨笨的他这么有心，而他的话，也真有着深刻的道理。

转眼又到了"五一"，节前总会有往来的物品，那天给丁军辉打电话来取东西，电话是他接的，来的却是另外一个更年轻的男孩。说，我是快递公司

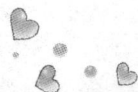

的，丁主管要我来拿东西。

我愣了一下，转念明白过来。问道："丁军辉当主管了？"

"是啊。"男孩说，"年底就要去南宁当分公司的经理了。"

当天下午，丁军辉的快递公司送来同城快件，是一箱进口的橙子。虽然没有卡片没有留言，我们都知道是他送的。拆开后每人分了几个放到桌上。

橙子很大，色泽鲜艳，味道甜美。隔着这些漂亮的橙子，我却看到了那些小小的橘子。它们，是那些小橘子开出的花吗？

我终于相信了，认真是有力量的，那种力量，足以让小小的青涩橘子开出花来。

（石文）

修建好人生的码头

他不仅从书中学到了很多以前他一直学而没到的东西，比如思考，比如耐心，最终还考上了硕士研究生。

一位出身贫寒而又一直梦想成功的年轻人为自己的梦想作出了种种尝试和艰苦的努力，但都以失败告终。最后，他绝望了，他认为自己这一辈子都没有成功的可能，生活在世界上已没有价值。于是便跳海自杀，想以此来结束自认为"悲惨"的生命。

刚好一艘轮船从那里经过，一位老船员把他救了上来。老船员听了年轻人痛苦的述说后，静静地对他说："你跟我航行几天吧！"年轻人纳闷地望着老船员，但最后还是点点头。几天后，轮船靠岸了，那码头附近停泊着许多轮船，上岸时，老船员对年轻人说："我们一路上经过了许多码头，为什么要选择这个码头停靠?"年轻人想了想说:"因为在经过的码头中,这里的码头修建得最大最好!"老船员静静地说:"记住,要想有船来就必须修好自己的码头!"

从那以后,年轻人不再像以前那样盲目地四面出去,而是把那浮躁的心沉静下来,好好读书。他不仅从书中学到了很多以前他一直学而没到的东西,比如思考,比如耐心,最终还考上了硕士研究生。现在他根本不必四处去找工作,反而有许多单位来找他,希望他能加盟,因为他的科研成果已小有名气。

人生就是这么有趣!有时候简简单单的一句话却能改变人的一生,打开那尘封许久的智慧之门,生活确实是充满艰难,有时几经奋斗后也不一定能够成功。此时就应该静下心来反思,如果能抛弃浮躁、沉淀自己、锤炼自己、提升自己,那么自己一定会发出应有的光彩!与其疲惫不堪地到处去找船,不如修筑好一座高质量的码头,到时船能自然地云集而至。

(佚名)

每件事都会有结果

岁月的长河中,我们所做的每一件事,都如同我们随手撒下的一粒种子,在时光的滋润下,那些种子慢慢地生根、发芽、抽枝、开花,最终结出属于自己的果实。

多年前,一个年轻人在营销策划公司工作。一天,他的一位朋友找到他,说自己的公司想做一个小规模的调查。朋友希望年轻人出面,把业务接下来,然后朋友自己去运作,最后的调查报告由年轻人把关;当然,朋友会给年轻人一笔费用。

那确是一笔很小的业务，没什么大的问题。市场调查报告出来后，年轻人很明显地看出其中的水分，但他只是做了些文字加工和改动，就把它交了上去。

事情就这样过去了。

几年后的一天，年轻人与别人组成一个项目小组，一块去完成北京新开业的一家大型商场的整体营销方案。不料，对方的业务主管明确提出，对年轻人的印象不好，要求换人；原来，该主管正是当年市场调查项目的那个委托人。

也许，年轻人只是偶然地遇到这两件事，从而失去了自己的机会；但这种偶然性当中其实已包含了必然性，因为越是从微不足道的小事上，越能看出一个人的本质来。一个对自己经手的事情敷衍塞责的人，怎么可能是认真、敬业的人呢，这样的人，怎么能够赢得别人的信任与赏识呢？年轻人最初的草率，已注定他日后将丧失良机。反之，一个人若是对自己所做的每一件事都竭尽全力，那他必将为自己赢得越来越多的机遇。

1903 年，帕特·奥布瑞恩在纽约参加一出名为《向上，向上》的话剧演出。其中有一段是帕特与两个怒气冲冲的人争执不休的表演。

由于这出话剧的反响不够理想，剧团后来移到一家小剧院去演出。演员的薪水也削减了，他们的前途一片黯淡。然而，多年的教育，使得帕特养成了"凡事尽力而为"的习惯；因此每一次演出，他的整个身心都融化在角色中，从场上下来时总是满身大汗。

8 个月后的一天，帕特接到一个电话，邀请他参加电影《扉页》的拍摄。

原来，《扉页》的导演刘易斯·米尔斯顿偶然间看到了《向上，向上》，帕特在桌边与人争吵的那一幕给他留下了深刻的印象。于是，他推荐帕特在《扉页》里一场戏中扮演一个角色。

这是帕特·奥布瑞恩银幕生涯的起点。日后，他成了非常著名的电影明星。

漫长的一生中，每个人的命运看似变化莫测，但实际上，我们今天所走的每一步，都已为明天埋下了伏笔。也就是说，我们的明天，是由今天的所作所为决定的。岁月的长河中，我们所做的每一件事，都如同我们随手撒下的一粒种子，在时光的滋润下，那些种子慢慢地生根、发芽、抽枝、开花，最终结出属于自己的果实。

（苇笛）

做面尽职的镜子

光明之道的传播，需要蜡烛的燃烧，也需要镜子的反射。只有通过无数面镜子产生的反射效应，光明之道才能被传达到社会的每个角落，形成一种清澈的风气。

台湾学者李敖说过一句话："传播光明之道有二，身为蜡烛或身为镜子，后者比较好，因为自己不牺牲。"李敖这话说得有些"势利"，因为没有光源，做镜子再鲜亮，也不会发光的。这话又说得很"实际"，对于我们这些整天为"生计"而奔忙的小民来说，做不成蜡烛，做面尽责的镜子，不是坏事，绝非易事。

关于蜡烛的话题其实由来已久。李商隐写"春蚕到死丝方尽，蜡炬成灰泪始干"，本是一句情诗，后来慢慢地就有了"燃烧自己、照亮别人"的"无私奉献"意思。近年来，对"蜡烛"的讨论陡然多了起来，比如一个小学生为了保护8元班费，结果把手给"牺牲"掉了。

众人议论纷纷，一种意见认为这样做固然伟大，但毕竟不够现实，就好像光天化日下点蜡烛，浪费了成本，又不见什么成效。

众人对蜡烛话题的议论，虽然计较成本，但不能算是堕落。人的生命有限、资源有限，除非像尼采说的那样是太阳，能无限给予，在"燃烧自己、照亮别人"这个问题上谨慎一点，是人之常情。何况蜡烛精神之所以崇高，在于大多数人都做不到。如果谁都能达到那种高度，"崇高"这样的行为实在没什么存在意义。

我要说的是，对于普通人来说，做不成蜡烛并不要紧，最要紧的是你对蜡烛的一种态度，一种价值判断，就像一面镜子。现在社会上有这么一种价值观，喜欢把"崇高"理解成"弱智"——为革命献身傻，与歹徒搏斗傻，为官清廉傻，助人为乐傻，拾金不昧傻……甚至对公车上给老人让座、扶阿婆过马路这类的小牺牲，都持讥笑的态度。网上流行一种恶搞，就是把董存瑞、雷锋之类的崇高人物恶搞成低俗小人，博大家一笑。不说这类恶搞的人是如何坏，但最起码在是非善恶的判断方面，是出现了某种程度的麻木与疲劳。

每个人都是别人的镜子，这就是所谓的镜子效应。古人说"近朱者赤，近墨者黑"也是这个道理。一种坏的观念经过无数面镜子的折射，会一传十，十传百，进而形成一种坏的社会风气。事实上，多年来我们在树典型方面从来就没有停止过努力，结果还是收效甚微。原因是在坏的观念已形成一定基础的背景下，社会的镜子对崇高的理念已经形成了一种审美疲劳。我有一个朋友，曾经抱怨他的孩子慢慢学坏了，都是学校和老师的错。对这种"学校教坏学生"的看法我是不敢苟同的，因为老师何尝不把真善美的东西教给学生，但老师教得再好也不如社会风气的教坏来得快，所谓言传不如身教，也许孩子的坏还有你的一份"功劳"呢。

光明之道的传播，需要蜡烛的燃烧，也需要镜子的反射。只有通过无数面镜子产生的反射效应，光明之道才能被传达到社会的每个角落，形成一种清澈的风气。遗憾的是，我们都未能尽到做好一面镜子的责任。胡适先生曾对他的学生说，"争你们自己的人格，便是为国家争人格。"此话含义是可以类推的。做无私奉献的"蜡烛"不是谁都能做到，而做面尽责的"镜子"，或许还能为社会、为后代做点有益的事。

（叶树浓）

相信什么就能成为什么

　　你相信什么，就能成为什么。因为世界上最可怕的两个词，一个叫认真，一个叫执著。认真的人改变自己，执著的人改变命运。

　　在娱乐圈我一直有两个偶像，一个是刘德华，一个是周星驰，在两个细节上我对他们有深深的敬意。

　　先说刘德华。在 2007 年另一个歌星的演唱会上，他作为嘉宾出场，唱了一首《冰雨》。当时舞台现场制造出一场大雨，而刘德华在雨中唱完这首歌，全身淋湿。作为一个巨星，他有没有必要在一个别的歌星的演唱会上做出这样的举动？他如果唱一首其他的歌，或者就唱《冰雨》，但现场不必造雨，会影响他的江湖地位吗？不会！但他依旧这么去做，因为他是刘德华。他唱不过张学友，演不过周润发，但他一直是一线巨星，为什么？因为他对自己的要求，他每一次出现在观众面前必须是完美的，不容有任何的缺陷。正是这种态度，这种对自己的苛求，才有他今天歌坛常青树的地位。

　　再说周星驰。"五一"期间我又看了一遍他的《喜剧之王》。事实上周星驰的一生就像一场"喜剧之王"，从不成功的跑龙套开始，屡受挫折，几乎所有的打击和失败都冲着他来，但他靠什么坚持下来？靠对自己的信心。我最喜欢他的一句话就是："我是一个专业的演员"。被人呵斥"连龙套都跑不好"的时候，他坚信"我是一个专业的演员"，每天去看《演员的自我修养》，每天去学习、去改正、去尝试、去表现。当所有的失败都无法挫灭他内心的信心时，失败退却了。人生如戏，只要你够投入，一心一意地想做好一件事，没有什么可以阻挡你。

　　你相信什么，就能成为什么。因为世界上最可怕的两个词，一个叫认真，一个叫执著。认真的人改变自己，执著的人改变命运。

（江南春）

只是多了一个想法

　　饮料还是原来的饮料，小虾依旧是原来的小虾，但加上一个故事、一个寓意之后，产品变得好玩起来，一下吸引了顾客的眼球，成了抢手货，而且身价倍增。

　　台湾有家饮料公司生产的一种饮料原先销路不畅，后来他们采纳了一位专家的建议，在每包饮料的包装上印上一别具动人的、很有诗意的爱情小故事，并将此饮料命名为"爱情饮料"。品种依旧，但包装一换，马上就吸引了众多的青年男女，他们边饮用边欣赏故事。接着该公司又动脑筋搞了个征文比赛，将从中选出的爱情故事印在包装上，反响十分强烈，参赛者踊跃。这些参赛者还做了公司的义务推销员，饮料销量顿时猛增。

　　无独有偶，日本有个叫吉田正夫的人，他有一次去外地省亲，在市集上看到一个渔民在摆弄一种小虾，这种虾不是用来吃而是用来观赏的。原来这种虾产于日本的南方，自幼就习惯于成双成对地生活在石缝中，长大后已无法从石缝中游出来，就这样在石缝中度过一生。渔民根据这种虾的特性，捕捞后，把它们一对对放在稍作加工的石缝中，注入清水，略加装饰，作为观赏性的小动物出售。

　　但吉田正夫更进一步想，这些小虾成双成对地在石缝中生活一辈子，不是可以作为爱情专一的象征吗？吉田正夫顾不得省亲，急忙赶回东京，经过一番筹划后，在东京开了一间结婚礼品商店，专卖这种小虾。

　　他经过精心设计，使用一种小巧玲珑的玻璃箱，将人工制作的假山石置于其中，作为小虾的"房子"，再装饰一些水生植物，直入清水，让虾在"石房子"内生活得十分安逸。纪念品上还附有简短说明，把小虾从一而终、白头偕老的故事描绘得真切动人。许多新婚夫妇见了后都会买一件带回家，甚至很多老夫老妻也纷纷买一件回去作观赏和纪念。

同一种东西，换一种方式和角度去经营，收到的效果就会完全不一样。饮料还是原来的饮料，小虾依旧是原来的小虾，但加上一个故事、一个寓意之后，产品变得好玩起来，一下吸引了顾客的眼球，成了抢手货，而且身价倍增。

其实，世上本没绝对无用的东西或失败的事物，只是利用的方式不同罢了。同一种事物，在不同的人眼里，或者在不同的际遇里，往往会有不同的价值，关键还是看你怎么去运作和经营。

（佚名）

希望无敌

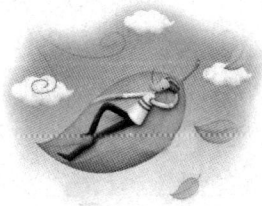

你可以失败一百次，但你必须第一百零一次燃起希望的火焰。

人生真的是希望无敌。

鲍勃·摩尔在参加哈佛大学的招生考试时，列入考试的五门功课中，竟然有三门功课不及格，因此没有能够顺利地进入到这所世界著名的大学深造。

用中国考生的话说就是他考砸了。在那段高考落榜、赋闲在家的日子里，鲍勃·摩尔感到非常的自卑，常常将自己独自关在黑屋子里，怨天尤人，唉声叹气。

这年夏天，鲍勃·摩尔的家乡接连下了一个多月的暴雨，终于，山洪暴发了。鲍勃·摩尔不幸被滚滚的山洪卷进了咆哮的河流。在浊浪翻滚的河水中，他像一片轻飘飘的树叶一样被抛来甩去，生命危在旦夕。这个时候，他多么想抓住一样能够拯救生命的东西，哪怕是一块木板、一根芦苇也好。然而，

湍急的洪水中除了翻卷的泥沙，他什么也抓不到。他心下暗想，这回算是完了，没有救了。也罢，人生在世，总有一死，死就死吧！

他的这个念头刚一冒出来，便立刻犹如散了架一般浑身乏力，四肢酸软，再没有一点挣扎的力气。整个人都在随着汹涌的波涛在沉沦，在漂浮。

就在鲍勃·摩尔万念俱灰，最后一丝生的希望也即将被死神抽走的时候，脑袋突然被洪水中滚动的石块给碰了一下，骤然的疼痛使他突然清醒过来。刹那间，他突然想起去年夏天与女友在这条河中漂流探险时，曾在这条河的下游遇到过一棵粗壮的老树，老树有一个粗大的枝丫，正好斜长着横贴在水面上。只要能够抓住这根树权，他就能保住自己的生命。一想到这里，他的心中顿时充满了希望，一有了希望，浑身上下顿时力气倍增，心也不慌了，僵硬的四肢也变得灵活了。

鲍勃·摩尔心中默念着那棵救命的老树，在洪水中顽强地坚持着，拼命地挣扎着……历尽艰险，他终于游到了那棵老树跟前。但是，当他拼命地抱住伸向河面的树权时，谁知那根树枝早已经枯朽。使劲一拽，便"咔嚓"一声断为两截。鲍勃·摩尔只好紧抱着断落的树权，继续随水漂流。刚漂出没多远，就被河边经过的抢险队员搭救上岸。

事后，鲍勃·摩尔说，要是他早知道那根树权是枯朽的，他兴许就不可能坚持游到那儿。

得知这次事故后，远在英国的父亲打电话给鲍勃·摩尔：你瞧，连死神都害怕希望呢！只要你的心中还有希望，那么，再大的困难，再大的挫折你都能够战胜。你想，既然你已经通过了两门考试，那就一定能够通过更多的考试。记住，哈佛大学就是你生命的下游那棵紧贴河面生长的"大树"。

鲍勃·摩尔心中豁然开朗。于是，他重新回到学校，走进了教室，拿起了课本。并最终以优异的成绩进入了哈佛大学，成为哈佛大学自开办动机激励教育学科以来最出色的学员之一。

后来，他的代表作《你也能当总统》一书，鼓舞和激励了成千上万的奋斗者，使他们由一个个平凡甚至平庸的无名之辈，最终变成了万人瞩目的社会名流。

鲍勃·摩尔说："你可以失败一百次，但你必须第一百零一次燃起希望的火焰。人生真的是希望无敌。"

（佚名）

抬头是片蓝蓝的天

其实，在我们每个人的一生中，随时都会和他们两位一样碰上湍流与险境，如果我们低下头来，看到的只会是险恶与绝望，在眩晕之中失去了生命的斗志，使自己坠入地狱里。

在一个贸易洽谈会上，我作为会务组的工作人员，把一个中年人和一个小伙子送进了他们的住房——本市一家高级酒店的 38 楼。小伙子俯看下面，觉得头有点眩晕，便抬起头来望着蓝天，站在他身边的中年人关切地问，你是不是有点恐高症？

小伙子回答说，是有点，可并不害怕。接着他聊起来小时候的一桩事："我是山里来的娃子，那里很穷，每到雨季，山洪暴发，一泻而下的洪水淹上了我们放学回家必经的小石桥，老师就一个个送我们回家。走到桥上时，水已没过脚踝，下面是咆哮着的湍流，看着心慌，不敢挪步。这时老师说，你们手扶着栏杆，把头抬起来看着天往前走。这招真灵，心里没有了先前的恐怖，也从此记住了老师的这个办法，在我遇上险境时，只要昂起头，不肯屈服，就能穿越过去。"

中年人笑笑，问小伙子："你看我像是寻过死的人吗？"小伙子看着面前这位刚毅果决、令他尊敬的副总裁，一脸的惊异。中年人自个儿说了下去："我原来是个坐机关的，后来弃职做生意，不知是运气不好还是不谙商海的水性，几桩生意都砸了，欠了一屁股的债，债主天天上门讨债，6 万多元呵，这在那时可是一笔好大的数字，这辈子怎能还得起。我便想到了死，我选择

了深山里的悬崖。我正要走出那一步的时候，耳边突然传来苍老的山歌，我转过身子，远远看见一个采药的老者，他注视着我，我想他是以这种善意的方式打断我轻生的念头。我在边上找了片草地坐着，直到老者离去后，我再走到悬崖边，只见下面是一片黝黑的林涛，这时我倒有点后怕，退后两步，抬头看着天空，希望的亮光在我大脑里一闪，我重新选择了生。回到城市后，我从打工仔做起，一步步走到了现在。"

其实，在我们每个人的一生中，随时都会和他们两位一样碰上湍流与险境，如果我们低下头来，看到的只会是险恶与绝望，在眩晕之中失去了生命的斗志，使自己坠入地狱里。而我们若能抬起头，看到的则是一片辽远的天空，那是一个充满了希望并让我们飞翔的天地，我们便有信心用双手去构筑出一个属于自己的天堂。

（佚名）

自信铺平成功之路

曹晓洁说，她只是一个很普通的年轻人，未来也想很普通地生活、学习、工作，做好自己，照顾好家人，和周围的朋友和同事友好相处。

曹晓洁来自四川泸州一个普通家庭，曾两次高考失利。2006 年 9 月，曹晓洁被江西先锋软件学院录取，成为该校两年制专科生。

曹晓洁说，她是一个心中有目标的人，进入 IBM 等国际一流 IT 企业，一直是她的梦想。

曹晓洁一直在朝着这个梦想前进。她始终把学习作为首要任务，并抓住一切机会锻炼自己。她竞选学生部副部长，组织英语角，并经常活跃在各种晚会、典礼等活动的台前幕后，大大小小的奖励、荣誉是对她成绩的最好证明。2007年12月，曹晓洁以优异的成绩通过了IBM先锋实训基地第二期学员的招生考核。IBM先锋实训基地模拟IBM公司的办公环境、真实项目研发的教学理念，让曹晓洁"如鱼得水"，在那里，她享受着充实与快乐。

实训基地有个传统，为更好地学习日语课程，并有效提升学员的专业技能、团队合作精神，会同时成立日语学习小组、技术小组和项目小组等。曹晓洁先应征了日语学习小组组长职位，组建了自己的团队——"七匹狼"，曹晓洁是团队中惟一的女生，且资历最浅。实训期间，IBM实训经理人Oma先生一直坚持让曹晓洁帮他做翻译。在为期10个月的项目实训中，曹晓洁多次得到Oma的肯定与赞赏。

两年制专科毕业后，曹晓洁开始了自考本科的学习。随后，她参加了福富软件公司（FFCS）的面试，并成为被录取的12名人员之一。等待FFCS录取通知期间，她又应聘印度INFOSYS公司，并获得面试机会。当得知IBM公司的招聘信息时，曹晓洁再次决定勇敢一搏。2008年11月10日，IBM公司宣布：曹晓洁等16名同学顺利通过面试。同时，FFCS也在11月上旬提出，为不影响其本科学业，曹晓洁可以在职实习。12月下旬，IBM上海电话通知曹晓洁，2009年1月开始，曹晓洁可以正式进入IBM公司试用。

曹晓洁的故事被江西一家网站报道后，网友评其为"史上最牛女专科生"。顶着这个头衔，面对众多网友的评论，曹晓洁坦然地说："我想我知道我是谁，我自己不会找不到北。"

曹晓洁写过这么一段话："我英文名叫Jerine，是我自己创造的，因为我想成为自己生命中真正的主宰者。今天我想成为一个独立的女孩，明天我想成为一个自强不息的女性，我相信知识可以改变命运。"这段本来是用英文写出来的文字，就是曹晓洁的人生格言。用她的话来说，"我最大的特点就是经得起考验，有自信。"正因为自信，曹晓洁显得外向、开朗，更像一个男孩，这也让她成了大家眼中的佼佼者。

（李菁莹　曹倩）

别把自己装进去

是的，推不好车不能怨路难走，更不能怪车上的东西重，重要的是，不管做什么事，都不要只考虑自己的私利，不要把自己装进车子里，否则，你再有力量，也将局限于一隅，无法大展拳脚了。

我工作的那家私企是一家家族企业，我的很多手下都是与老板沾亲带故的人，所以很多明明很简单的事，处理的时候却总是让我感到头疼。

一次，由于 QC 检测员阿楷的疏忽，把一批不合格产品包装了，好在那天我抽检时查了出来，才没有出厂造成更大的失误。按道理我应该记阿楷的过，但我知道他是老板的亲外甥，我怕得罪了他，最终还是放了他一马。可是这样一来，其他人都对我有意见了，我的工作越来越被动，被上司批评的次数越来越多。

那是个双休日，我到一个工地里找在那里当技术员的同学小田。小田正在工地上转悠，见我来了，就找了几块砖垫在地上让我坐下。我和他聊着聊着，就说到了工作上的烦恼。

他听了，笑笑，忽然指着前方正围坐在一起聊天的工人对我说，你看看，他们在干什么？原来是一个大个子在夸耀自己强壮有力，还嘲笑着他身边的几位老工人。最后，有个老工人忍无可忍地说："伙计，我敢用一个星期的薪水跟你打赌，我可以用这架独轮车把一样东西推到那堵墙那里，而你无论如何都没有办法把这东西推回来！"大个子大笑："哈哈！我赌！"结果，那个老工人走过去，扶起独轮车，微笑着对着大个子点头："来，坐进来。"大个子一下子涨红了脸，愣在了那里。看热闹的工人们一阵爆笑。我也笑起来："把自己装进去了，他还能推得动吗？"

小田也笑着说："是呀，把自己装上车了，当然推不动了。你不觉得你的工作状态和这件事很相似吗？假设你的工作就是要推动一辆独轮车，那你所要做好的应该是全神贯注地去推好它。可是，你却把自己装进了车里，做什么首先考虑自己的利弊得失，怎么能做好工作呢？"

我的脸红到了耳根。是的，推不好车不能怨路难走，更不能怪车上的东西重，重要的是，不管做什么事，都不要只考虑自己的私利，不要把自己装进车子里，否则，你再有力量，也将局限于一隅，无法大展拳脚了。

（英涛）

一根树枝改变命运

机遇就像一根树枝，你在它身上开动脑筋，它就帮你改变人生。

5 年前的一个春天，一个中国农民到韩国旅游，受朋友之托，在韩国一家超市买了四大袋 30 斤左右的泡菜。回旅馆的路上，身材魁梧的他，渐渐感到手中的塑料袋越来越重，勒得手生疼。他想把袋子扛在肩上，又怕弄脏新买的西装。正当他左右为难之际，忽然看到了街道两边茂盛的绿化树，顿时计上心来。

他放下袋子，在路边的绿化树上折了一根树枝，准备当做提手来拎沉重的泡菜袋子。不料，正当他暗自高兴时，便被迎面走来的韩国警察逮了个正着。他因损坏树木、破坏环境，被韩国警察毫不客气地罚了 50 美元。

50 美元相当于 400 多元人民币啊，这在国内，能买大半车的泡菜啊！他心疼得直跺脚。几欲争辩，无奈交流困难，只能认罚作罢。

他交完罚款，肚子里憋了不少气，除了舍不得那 50 美元，更觉得自己让韩国警察罚了款，是给中国人丢了脸。越想越窝囊，他干脆放下袋子，坐在了路边。

他看着眼前来来往往的人流，发现路人中也有不少人和他一样，气喘吁吁地拎着大大小小的袋子，手掌被勒得甚至发紫了，有的人坚持不住，还停下来揉手或搓手。他们吃力的样子竟让他觉得有点好笑。

为什么不想办法搞个既方便又不勒手的提手来拎东西呢？对啊，发明个方便提手，专门卖给韩国人，一定有销路！想到这，他的精神为之一振，暗下决心，将来一定要找机会挽回这50美元罚款的面子。

回国之后，他不断想起在韩国被罚50美金的事情和那些提着沉重袋子的路人，发明一种方便提手的念头越来越强烈。于是，他干脆放下手头的活计，一头扎进了方便提手的研制中。根据人的手形，他反复设计了好几种款式的提手；为了试验它们的抗拉力，又分别采用了铁质、木质、塑料等几种材料。然而，总是达不到预期的效果，他几乎丧失信心了。但一想到在韩国那令人汗颜的50美元罚款，他又充满了斗志。

几经周折，产品做出来了，他请左邻右舍试用，这不起眼的小东西竟一下子得到邻居们的青睐。有了它，买米买菜多提几个袋子，也不觉得勒手了。后来，他又把提手拿到当地的集市上推销，但看的人多，买的人少。

这怎么成呢？他急得直挠头。这时候妻子提醒他，把提手免费赠给那些拎着重物的人使用。别说，这招还真奏效，所谓眼见为实，小提手的优点一下子就体现出来了。一时间，大街小巷到处有人打听提手的出处。

小提手出名了，增加了他将这种产品推向市场的信心。但是，他没有忘记自己发明的最终目标市场是韩国。他很快申请了发明专利。接着，为了能让方便提手顺利打进韩国市场，他决定先了解韩国消费者对日常用品的消费心理。

经过反复的调查了解，他发现，韩国人对色彩及形式十分挑剔，处处讲究包装，只要包装精美，做工精良，价格是其次的。于是他决定投其所好，针对提手的颜色进行多样改造，增强视觉效果，又不惜重金聘请了专业包装设计师，对提手按国际化标准进行细致的包装。对于他如此大规模的投资，有不少人投以怀疑的眼光，不相信这个小玩意儿能搞出什么大名堂。可他坚信一个最通俗的道理"舍不得孩子，套不着狼"。

功夫不负有心人，经过前期大量市场调研和商业运作，一周后，他接到了韩国一家大型超市的订单，以每只 0.25 美元的价格，一次性订购了 120 万只方便提手！那一刻他欣喜若狂。

这个靠简单的方便提手吸引韩国消费者的人叫韩振远，凭一个不起眼的灵感，一下子从一个普通农民变成了百万富翁。而这个变化，他用了不到一年的时间，而且仅仅是个开始。

有人问他是如何成功的，他说是用 50 美元买一根树枝换来的。

一根树枝，不仅搅动了他的财富，而且改变了他的人生。

机遇就像一根树枝，你在它身上开动脑筋，它就帮你改变人生。

（雁群）

那些青春的小残片

那是因为，我也有如他一般的期盼，偷偷的希望有那么一次，他在弄坏我的车子之后，对我说：上来吧，我载你回家！

纸质的情书

在我还小的时候，总是收到一个人的信，每周一封，藏在桌洞固定的角落里。干干净净的纸笺，就好像他纯净温暖的笑脸。信的第一句话千年不变——见字如面。他明明就坐在我前排的左边的左边，但这四个字，让我有种跨越生死轮回万水千山的慨然。

明星贴纸

那时候，我为了跟同学换一张赵雅芝的贴纸，给他写了两个礼拜的作业；为了凑钱买一张小虎队的贴纸，省了三天的早饭……

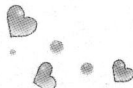

现在几乎没有人玩贴纸了，我们无须再为某个人做个歌本，贴满他的照片，抄满他的歌词，因为官网上可以随时搜到他的一切，我们无须再花太多时间，兜兜转转打探他的最新消息，因为媒体会把他变得比你的邻居更熟识。

纸条纸条你慢慢飞

直到现在我仍然记得，那种纸条大混战的盛况。有时甚至可能只是"下课一起上厕所吧"这种小事，也会成为课堂上漫天飞舞的纸条中的一份子。作为中转站的同学如果被老师盯的慌了神，有的也会不小心把给甲的纸条扔给了乙，于是就极可能出现"你真是个笨猪"和"谢谢夸奖"这种精彩对答。

千纸鹤

那时候，我暗恋他，而他正全力追求我那漂亮的同桌。那年我的同桌过生日，他想要送出很有意义的礼物，向我求助。我苦笑：那你折千纸鹤吧，女孩都喜欢这个。他说：可是我不会折。我教你呀。我气定神闲，事实上却是早已心慌意乱。

我鼓足生平最大的勇气，撕了一张纸，在他面前层层叠叠地折了起来。等我折完，他尴尬地笑笑：还是不会。我故作洒脱地把千纸鹤丢给他：拿回去拆开研究研究吧。

后来，在我惊心动魄的等待中，他送了我同桌另外一样礼物。几个月后大扫除，我从他桌角的缝隙挖出了扭成麻花的千纸鹤，轻轻拆开，那上面有我匆忙中写下的心意：我喜欢你。

原来，他从来都没有拆开过。

17 岁的单车

初中的时候，有个男孩子总是弄坏我的自行车，拔掉气门芯，或者堵住锁眼儿。然后得意洋洋地跨上他自己的坐骑，做扬长而去状。骑出两步远，回头看，看我在原地急得团团转，那一刻，他眼里竟有种类似期盼的东西。直到很多年以后，看了那部叫做《情书》的电影，里面两个藤井树在夜幕里边摇车灯边对着英语卷子答案，我才明白当初有关单车的种种恶作剧隐藏着一个腼腆少年的情怀。

只是那个男孩到现在都未曾明白，为什么他破坏了那么多次，我就未曾想过换个让他找不到的地方停车，为什么在单车罢工后，我宁愿走回家也不要让别人载。那是因为，我也有如他一般的期盼，偷偷的希望有那么一次，他在弄坏我的车子之后，对我说：上来吧，我载你回家！

(佚名)

痴守的遗憾

在两年的时光中，女孩经历了很多，成熟了很多，也在这个问题上面思考了很多。她渐渐的懂得，她的坚持和痴心换来的也许只是他的负担和顾忌。

有个女孩，她喜欢上了同班的一个男生，那时，她上初二，长得不漂亮，学习成绩也一般，而她喜欢上的那个男生却是他们班里最优秀的男生，她知道有很多女生都喜欢他。因为自觉普通，女孩把这份感情深深的藏在了心里，谁也没有告诉，她只是很用功的学习，特别是男生擅长的理化，她学得尤其的好，是班里除了他之外最棒的。于是因为这个原因他们之间有了比平时更多的接触，她经常找借口去请教他理化上面的题目，而他也都很耐心的作了解答。在问题目的时候，面对男孩认真的表情和详细地讲解，女孩小小的心里装满了幸福……在男孩被调到女孩邻桌的某一天，在和他讨论题目的时候，女孩故意把手中的笔掉在了与男孩相间的地上，然后又故意装成不经意地把手搭在男孩身上，弯腰将笔捡起……

在女孩的记忆中那是她与男孩的第一次也是唯一的一次身体接触，当时那种激动而又做贼心虚的感觉，依然十分清晰地留在脑海中，虽然已经过了

这么多年，每次不经意的想到还是会有心跳加速的感觉。

到了初三了，她和他被分在了不同的班级，从此她不能再天天看到他的身影听到他的声音了，她的心中装满了失落，成绩也在不知不觉之间滑落了不少。直到初三第一次月考的到来，她看见光荣榜上他的名次依然在第三名的位置，而她的名字却不在上面……她的心被触动了，于是从此她又开始全身心地学习了，而目的只有一个：让自己的名字排在离他最近的地方。在一次次的失望后，终于在最后的那次中考中，她成功的让他们的名字排在了一起，只是这次她第三他第四……

相近的成绩让他们选择了相同的学校，只是同校不同班，但是，对于这样的结果，女孩已经很满意了。只是开学后她却很少能见到他了，就算见面了他也只是淡淡的打个招呼，这样的局面让女孩感到无限的悲哀。

高二的文理分班，她和他又重新被分到了一个班级，刚知道这个消息女孩激动地失眠了好几天。只是开学后的情况却又让女孩感到失望，因为他的身边总是围着太多的女生，而她却只能做个安静的看客，虽然她也总是找机会想要找回他们曾经讨论问题时的默契，但是，无奈，初中的记忆对他似乎已经很模糊了。只是，女孩对男孩的欣赏却随着时间的增加而增长着。

步入大学，女孩的世界彻底的失去了男孩的身影，也就在那个时候，女孩才惊觉，没有了男孩的世界装载的只有寂寞，而也就在那个时候，女孩迷上了睡觉，因为只要她一睡觉，在梦中就能见到男孩明朗的笑容和温柔的声音……只是每次醒来思念便增加几分。有一段时间，女孩又迷上了网络，她几乎天天都往学校的网吧跑，因为她知道男孩经常上网的，而每次只要在QQ和同学录上看到男孩的名字，女孩的心就会奇迹般的平静下来，而见不到他的名字她的心就会很不安……当寝室里的姐妹在谈她们的爱情时，女孩就会静静的躺在床上勾勒着男孩的轮廓。只是女孩不知道这个是不是叫爱情，所以她不敢轻易将他的名字说出口，而女孩也不对男孩说这份感情，因为女孩心里明白，男孩对她的感情和她对他的是不一样的。

有一天，女孩又在QQ上碰见男孩了，聊着聊着两个人就聊到了感情的问题，一时的冲动，女孩竟然冲口说了一句："我喜欢你，你呢？对我什么感觉？"男孩在那边愣了半天，他回了一句："说实话对你没感觉，一直以来我都只当你是好朋友，而且我答应一个人要等她四年的。"这样的答案，在女孩的预料之中，但是亲口听他说出，她的心还是在刹那间有被掏空的感觉。泪就这样流了下来，第一次为了感情两个字而流泪，也第一次体会到了心碎的绞痛。只是，她还是不能放手，不能停止想念他，在内心深处，她总在期待着，期待着有一天她的痴心守候能盼来他的真诚回报……

在放手与坚持的矛盾挣扎中过了两年的时光，在两年的时光中，女孩经历了很多，成熟了很多，也在这个问题上面思考了很多。她渐渐的懂得，她的坚持和痴心换来的也许只是他的负担和顾忌。于是在那天他发来一条探寻的短信的时候，她知道他或许已经找到一个他心仪的女孩了，于是，她就借着这个机会告诉他说：她明白自己对他的感情不是爱情，她不会再坚持以往的那个四年之约了。

（佚名）

年少的蜗牛没有壳

两个少年的孤单，就这样，因为一次外人的伤害，而融合在一起，生出一朵粲然的花朵。没有谁能够理解，两颗曾经怯懦的心，历经了怎样风雨的冲击，才有了今日这般缤纷的颜色。

那时我是一个瘦瘦的女孩，站在人群里，常被人忽略，体育老师排队，下意识地让我出列，等他先将那些体形匀称、面容柔美的女孩子排完了，才发愁地看我一眼说，把你排到哪里才合适呢？

后来在下雨天，看到那些缩在壳中的蜗牛，突然就很羡慕它们，想着那时的自己，如果有一个温暖坚实的壳，可以在受到伤害的时候，躲入其中，做一个小梦，或者聆听一阵淅淅沥沥的雨声，该有多好。可惜，除了曝晒在

众人的视线下焦灼、惶恐、惊惧、无助，我再也找不到可以安放的表情。

那时班里有一个叫乔的男生坐在我后面，他个性孤僻，不爱与人交往，表情里总有一份孤傲与冷漠，他在人群里亦属于形单影只的一个，与人说话时视线总是瞥向别处去，就像那个人不过是一缕无形的风，但是他的成绩却永远排在前面。

我也是偶尔才会与他说话，不过是交作业的时候，让他帮忙传过去，或者打球，不小心踢到他的脚下，跑过去捡的时候，他淡淡地回踢过来，我拘谨地笑笑，向他道声谢谢。有时课堂上分组讨论，我回身过去，看到他依然在俯身疾书，不理会老师的要求，便觉得无趣，想要回转身的时候，他突然说一声"开始吧"，便将自己写在纸上的观点递交给我。这样的交往不多，却还是像那夏日树下的一小片绿阴，将惶惑不安的我遮住，并徐徐地，给我脉脉的清凉。

我一直以为乔和其他的同学一样，对长在角落里的我漫不经心，也想不起来。我也一直认定，我们两个人是数学上的抛物线，看似从同一个寂寞的原点出发，却是离得愈来愈远，再无相遇的可能。乔注定是要读大学的，他的寡淡，甚至可以被女孩子看做鲜明的个性；而我的未来却渺茫无依，我要到哪里，才能寻到一片可以让我纵情绚烂的泥土？

我依然清晰地记得那次数学课，习惯了将我跳过的老师，不知是为了调节课堂的气氛，还是一时兴起，突然叫我回答问题。不过是一个很简单的习题，我却紧张得不行，任自己如何地努力也想不出答案。

午后沉闷的教室，因为满脸通红、手足无措的我而有了生气，有人在窃窃私语，有人好奇地回头，目不转睛地盯着我，就像用一把刀子，一下一下地划在我的脸上。而那个向来不正眼看我的老师，嘲讽地瞥我一眼说：还能不能想起来，要不要你后位的乔帮你找到这个答案？

我的眼泪哗一下涌出来。我想那时的自己，一定是一只被人残忍地割掉硬壳的蜗牛，明明知道那壳就在身边，却是再也无法缩回到其中。而乔就在这时站了起来，用一种从来没有过的响亮的声音，回答台上的老师：对不起，我也不会这个问题。老师的脸，当即变了颜色，可他还是强压着怒火。可乔，还是固执地保持着沉默。

铃声响起的时候，老师忿然扔掉粉笔，摔门而去；我回头，歉疚地看乔一眼，却碰到他温暖的视线，我的眼泪，忍不住又落下来。

那以后的一年中，我与乔依然言语不多。我常常将不会的问题写在纸上，悄无声息地递给乔；他的回答，总是详尽，晓畅。我的视线，一行行地看下去，宛若一只飞燕，穿过蒙蒙的细雨，那样的喜悦，让我想要大声地歌唱。

而乔甚至学会了微笑，他还在给我解答习题的纸上，画一个微笑的小人儿，没有注释，但我看得明白，他在用这样的方式，表达对这份情谊的感激。

两个少年的孤单，就这样，因为一次外人的伤害，而融合在一起，生出一朵粲然的花朵。没有谁能够理解，两颗曾经怯懦的心，历经了怎样风雨的冲击，才有了今日这般缤纷的颜色。

而成长中的那些惧怕、忧伤与落寞，就这样，在这段彼此鼓励的并行时光里，轻烟一样散去。

（摘自《疯狂阅读》）

纸飞机飞不出城市

年少的我们，心中都会有一枚青涩的橄榄枝，在那个纸飞机飞起的时代，飞过阳光留下片刻的虹影，有记忆的时光，相遇、相离。

她是暖色调的温暖

高中的时候，学校举办了一次演讲比赛。她是选手——脸色绯红有些紧张的女生，俏丽的短发，穿蓝白色的海军裙，裙上有长长的流苏，很美——而我是观众。

她虽然有些紧张，却非常流利顺畅地带着感情演讲完了。

我使劲鼓掌，骆驼也鼓掌。我说，骆驼，你觉得那女孩怎样？

后来我知道了她的名字——罗可嘉。从那时起，她就成了我心中一枚青涩的橄榄，就像那些暖色调，让我觉得周围都充满了温暖。我背着书包上学的时候会轻轻地笑，我做作业的时候会暗暗地笑，甚至在抬头看天的时候，也会笑。

他是冷色调的冷

骆驼是我在网上玩泡泡堂的搭档，开始我们是对手，后来发现实力相当，所以决定强强联手，再后来我们会有一搭没一搭地说话。骆驼是他的网名，他说他喜欢骆驼，是因为在大漠里那样孤独地行走，是多么忧伤的事情。其实我们都不懂忧伤，但我们喜欢用这样的词语，因为觉得忧伤是美丽的，是有些情愫的词语，像春雨里的丁香花。

骆驼是颓废的孩子，他总是没完没了地在网络里拼杀，用来消耗掉他的时间。他很空虚，他的空虚是因为无助，他的无助是因为没有人关怀，这些关怀是关于亲情的。我只是听他淡淡地提过，他的父母很早就离婚了，他跟着妈妈，妹妹跟着爸爸。但是他的父母又各自再婚，他就开始叛逆了。

大人们不明白，我们的叛逆只是希望得到重视。我们的成长最需要的是爱，是呵护，是一手一手的扶持。虽然有时候我们表面上是倔强的、冷漠的，但心里都有这样的渴望。

后来我们考上同一所高中，成了最好的朋友。

雨的颜色是冷的

才进高中，学习压力不算大，我和骆驼偶尔会逃课。我们骑着自行车在新区空寂的街道上穿梭。风在耳边呼呼地吹过，心因为张扬而欢喜。

我折了很多飞机，写上罗可嘉、骆驼还有我的名字。罗可嘉是我的秘密，我让骆驼分享我的秘密。那些白色的飞机在空中打着圈，我眯着眼睛看过去，很蓝的天。

骆驼站在一边看，呵呵地笑，有时候会追着飞机跑，和它们比赛速度。

下雨的时候，我去给罗可嘉送伞，并不想和她有什么故事，我知道高中对于我们来说都很重要，我只是希望能以朋友的身份关心她，这就够了。

她是我心里很温暖的秘密，是我欢喜的色彩，不说喜欢，是因为还不配。
白色的透明的伞在我手心里握出了汗。

我看见骆驼，他打着伞，伞下是罗可嘉。心里很尖锐地疼痛，我想到的，是背叛。骆驼知道我的秘密，但他还是接近了罗可嘉。

血的颜色是热的

我拒绝和骆驼说话，他传来询问的纸条我总是看了就扔了。友谊是容不了一粒沙的。后来骆驼不再找我讲和。

周六的时候，我去姑姑家吃饭，经过一家商场时看见了罗可嘉。她提着一个袋子，旁若无人地走着。

我看到后面有几个人跟着她，他们在她后面指指点点。我跟了上去。

在一个巷子口，那几个人拦住了罗可嘉。

他们扯过罗可嘉手里的袋子，说着很下流的话，要和她交朋友之类的。我没动，似乎是想看笑话。

他们从袋子里拿出一个东西，在手里甩着，罗可嘉像发疯似地去抢，她尖叫，撕咬。我冲了上去，我并不是想做英雄，那一刻，是本能。

一个戴着耳环的人拿出一把瑞士军刀在我们面前晃，我有些怕，但还是挡在罗可嘉的身前。

当那把刀明晃晃甩过来的时候，是骆驼挡在了前面。他以很快的速度推开我。我就看着他倒下去。那个人愣了一下，也许那些温暖的鲜艳的血吓着了他。刀掉到地上，咚的一声把我打醒。

眼泪开始蔓延，我拾起刀向那个人扑上去。

我不知道为什么我会有那样的反应，我只知道，我要为骆驼做点什么。

我握住那柄刀刺过去的时候，骆驼说，砚力你快走，这一刀是我刺的。骆驼帮我挡了一刀，也帮我顶下所有的罪，他死死握住那刀说，砚力你是我最好的朋友，我的妹妹麻烦你照顾。

我说，她是你妹妹？你怎么不早说？

他虚弱地说，我知道你的秘密，如果我告诉你她是我妹妹，你会尴尬，

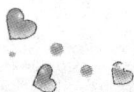

所以我没说，我要守住你的秘密。

青春要飞翔

去北京上大学的时候，我要求坐飞机去。坐在飞机上俯瞰这个城市，我泪流满面。真的！飞机速度真快呀，快到从一个城市到另一个城市是以小时来计算的，就像我们的青春，很快地过去。我所折的纸飞机呢，永远飞不出一个城市。骆驼说，砚力，纸飞机所承载的梦想太短了，要坐真的飞机，那才宽阔呢。他咧着嘴笑着说，你一定要坐真的飞机，飞很远很远，青春是要飞翔才美的。

生命中最纯的底色

生命的富有，不在于自己拥有多少，而在于能给自己多少广阔的心灵空间。同样，生命的高贵，也不在于自己处在什么位置，只在于能否始终不渝地坚守心灵的自由。

一片雪花从天空飘落下来。

在它落下来之前，一缕白嫩的水汽挽住了它的手说，留下来吧，这里有广阔的空间，落下去你将失去自由。它没有犹豫，依然拥抱了一颗细小的尘埃，翩翩地飞落下来。雪花落在一道河床里，冰面张开宽阔的胸怀接纳了它。这时候，有一阵风吹来，冰对雪花说，你留下来吧，把你的洁白与我的洁白融为一体，一同谛听冬的韵律。雪花没有停下自己的脚步，随风又落到一棵树的树干上。下面是一条没有结冻的河，河水汩汩滔滔地流动着。一朵奔涌的水花说，下来吧，与我一起幸福地流浪。

雪花躺在树的枝丫上，岿然不动，它面对着灿烂的阳光，泛着最亮丽的光泽，姿态从容而又高贵。几分钟后，它的形体开始融化，化成一颗晶莹的水滴，湮没在树干里，只剩下它的灵魂在枝丫上高洁地舞动。

就这样，一片雪花，谢绝了一切的挽留、诱惑和接纳，坚持着对自由生命的仰望，任心灵奔逸舒卷，以它生命的独特轨迹，证明着自身的尊贵与圣洁。

生命的富有，不在于自己拥有多少，而在于能给自己多少广阔的心灵空间。同样，生命的高贵，也不在于自己处在什么位置，只在于能否始终不渝地坚守心灵的自由。任何生命的心灵深处都有一棵馨香的大树，即使是天国中飘来的一片雪花，抑或是荒园中一株随风摇曳的野草，甚至是一只匆匆奔走的蚂蚁，再卑微的生命，只要能够看守住心灵中的这棵大树，不被外在的一切所迷惑、迷乱、迷失，就能坚守住生命中最可宝贵的东西。

这心灵之树，就是你的尊严，你的操守，你的信仰，你的情爱——你生命中最纯的底色。

（佚名）

泪流满面的夏天

我发现，做人才是立身之本，只有把人做好了，才智才会最大限度上成全一个人，成就一个人。

我落榜了。

与其说这是一个黑色的六月，倒不如说，这是我人生中死去的一段时光。我闷在家里，不接电话，不踏出房门一步，不和父母说一句话。

倒是父母，小心翼翼地问我，今天，咱吃点什么。我要么阴沉着脸不说

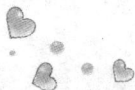

话，要么粗声大气地说，别问我，你们就当我死了。

父母吓得赶紧退出我的屋子，轻轻掩上房门。

我曾经对高考设想过无数的结局，包括最坏的结局。但是，无论如何也没想到，我真的会考不上。分数下来的那天晚上，乔均给我打电话，说："李朗，是不是你的卷给看错了，你怎么会考不上？"

我在电话这头声嘶力竭地喊："滚，不用你假惺惺，我就是不想考上。"说完，"啪"的一声，挂掉电话。

那一段日子，我一定疯了。

我一直对乔均没有好感。他是我们班的学习尖子，是学校文学社的社长。最可气的是他的长相。夏天的时候，他上身一袭雪白的衬衫，下身是一条蓝色的牛仔裤，白云蓝天似的。他一到操场上，就会惹得好多女生在教学楼的某个角落，尖声喊他"帅哥"。我向来痛恨看起来完美无缺的人，当然，我也不会放过乔均。

尽管，自初中始，我们俩就是同班同学；尽管，他一直当我是好朋友。

不知道为什么，我一直对他怀有仇恨的情绪。高二的时候，我病了一段时间，从家里回来后，乔均便凑过来，说，李朗，课程落下了，我帮你补吧。说完，他拿过自己的学习笔记，摆开架势，要给我补课。

我说："不用了吧？我就是再落下一段时间，也不至于差成什么样，你自己学好就不错了。"当着好多学生的面，我这样说他，他的脸红得像一块布。看着他讪讪地离开，我"扑哧"笑了，心里无限惬意。

乔均，你以为你真是盘菜啊。

但乔均是个没皮没脸的人，第二天，他便再凑过来，说，李朗，我还是帮你补补吧。我有什么好说的呢。看着他满脸大汗的样子，我暗自笑，心想，你讲吧，反正我左耳朵进右耳朵出就是了。

是的，我不会领他的情的。

乔均最可恨的地方，就是他的霸道。高中三年，他次次考第一。有几次，我乘风破浪，都快追上他了，然而，总有不测的风云逆势而来，我只好望洋兴叹。仿佛命中注定，我只能活在他的屋檐底下。

嫉妒他的人，不止我一个。有一次，在厕所的墙上，不知道是谁，写下这样一句话：乔均，你是个傻蛋。字很大，含着一种刻骨铭心的恨。乔均看到后，悄悄擦了。我见乔均很在意这样的事，便趁晚上无人的时候，用左手也在厕所的墙上写下类似的话，然后，再去告诉他，说又有人说你的坏话了。这时候，乔均往往很紧张，问："在哪里?"我说在厕所的墙上，他便疯一般跑去。望着他着急的背影，我笑了，心想，他真是个傻蛋!

高三的时候，评选省级三好学生。班里只有一个名额，班主任说，民主测评吧。结果，乔均高票当选。我只有稀稀拉拉的几票。晚上的时候，我被班主任叫到了办公室，班主任说，李朗，乔均想把这个指标让给你，他知道你想考军校，这样可以给家里省下点学费，省级三好生，有 10 分的加分呢，他说，给了你，你会更有把握些。毕竟，你的家庭条件不好，母亲又有病，乔均是为你着想。

当时，我斩钉截铁地说了三个字："我不要。"

我觉得，这是乔均对我最大的羞辱。

然而，高考结束后，我彻底失败了。整整一个月时间，我把自己关在屋子里，回过头来，把十多年的成长历程在脑海中细细地梳理一遍，我要想清楚，我到底失败在什么地方。

7 月，阳光依旧明媚，我回学校复习了。大批的大学录取通知书开始送抵学校，每一个考上的同学脸上都漾满笑容，我的脸上也漾满笑容。当然了，北京那所著名高校的录取通知书下来的时候，我也看到了笑容满面的乔均。乔均一把抱住我，说："李朗，你要好好读一年，你一定会考上的。"

我也抱住了乔均，紧紧的。我不知道哪里来的这么大的力量。

乔均，真心祝贺你。这么多年来，我第一次感觉到，我的这句话，是那么真诚，真诚到我突然间泪流满面。我对他说，乔均，我用一个月的时间，想明白了好多问题，是的，我必须要复习的，除了知识上的很多欠缺外，更重要的，我在做人上有更大的问题，我要用更多的时间学学做人，我发现，做人才是立身之本，只有把人做好了，才智才会最大限度地成全一个人，成就一个人。

那一天，乔均抱着我久久没有松开，因为，他一样，也泪流满面。

（佚名）

责 任

父亲欣然拍着他的肩膀说："一个能为自己的过失行为负责的人，将来一定是会有出息的。"

1920 年的一天，美国一位 12 岁的小男孩正与他的伙伴们玩足球，一不小心，小男孩将足球踢到了邻近一户人家的窗户上，一块窗玻璃被击碎了。

一位老人立即从屋里跑出来，勃然大怒，大声责问是谁干的。伙伴们纷纷逃跑了，小男孩却走到老人跟前，低着头向老人认错，并请求老人宽恕。然而，老人却十分固执，小男孩委屈地哭了。最后，老人同意小男孩回家拿钱赔偿。

回到家，闯了祸的小男孩怯生生地将事情的经过告诉了父亲。父亲并没有因为其年龄还小而开恩，却是板着脸沉思着一言不发。坐在一旁的母亲总是为儿子说情，开导着父亲。过了不知多久，父亲才冷冰冰的说道："家里虽然有钱，但是他闯的祸，就应该由他自己对过失行为负责。"停了一下，父亲还是掏出了钱，严肃地对小男孩说："这 15 美元我暂时借给你赔人家，不过，你必须想法还给我。"小男孩从父亲手中接过钱，飞快跑过去赔给了老人。

从此，小男孩一边刻苦读书，一边用空闲时间打工挣钱还父亲。由于他人小，不能干重活，他就到餐馆帮别人洗盘子刷碗，有时还捡捡破烂。经过几个月的努力，他终于挣到了 15 美元，并自豪地交给了他的父亲。父亲欣然拍着他的肩膀说："一个能为自己的过失行为负责的人，将来一定是会有出息的。"

许多年以后，这位男孩成为美利坚合众国的总统，他就是里根。后来，里根在回忆往事时，深有感触地说："那一次闯祸之后，使我懂得了做人的责任。"

（佚名）

永不消失的自信

有一天我的脸可能会消失，但只要我的生命还在，我会继续证明，容貌的美并不重要，重要的是你生命中的自信和坚强。

在美国庞大的律师群体中，有一位外貌丑陋却口碑极佳的女律师，她的名字叫科尔。在法庭上，她扭曲的容貌常会引起众人的惊讶甚至恐惧。但是，这位丑陋的女律师，却以渊博的学识和言辞犀利的口才，以及咄咄逼人的气势震惊四座，为无数当事人打赢了官司。

许多人不解，这样一位容貌丑陋的人是怎样成为一名知名律师的呢？

今年35岁的科尔是家中唯一的女孩儿，童年时代，她不仅长得俏丽可人，而且聪明伶俐，从小就是父母的掌上明珠。

升入中学后的一天，科尔的下巴上有几个很小很小的圆形白斑。她疑惑地用手指揉了揉，并没有什么异样感觉。一个星期后，白斑不但没有消退，反而连成了片。父母立即带科尔到医院做皮肤检查，医生的诊断结论是：科尔患上一种极为普遍的皮肤白斑病，只需涂些对症的药膏就可以根治白斑。然而一个月过去了，白斑非但没有消除，面积反而越来越大。接下来，科尔的身上不断表现奇怪的症状：原本一头金黄色长发，变成了灰白色，且不停大把脱落；右眼向下倾斜；鼻子向右扭曲；右侧嘴角向上翻起，一张漂亮的面孔完全变了形。

父母焦急万分，再次把科尔送到医院五官科进行检查。这次得出的结论是：科尔患上一种罕见的进行性面偏侧萎缩症。这类病症会随着患者年龄的

增长而日趋加重，患者的五官会渐渐萎缩直至完全消失，甚至整张脸萎缩成为一个洞。而令人恐惧的是，目前在全球范围内还没有对这种病症行有之有效的治疗方法和手段。

然而这种病虽然非常可怕，但不会危及患者的生命。坚强的科尔心头重新燃起了一团希望的火焰。她想，既然自己享有和他人同等的生命权，就一定要通过努力和奋斗来证明自己生命存在的价值和意义。从此，科尔更加发奋努力的学习，几乎包揽了年级所有学科的第一名。

但是，在学校里，一些男孩子经常会突然挡住科尔的去路，模仿她扭曲的脸；有些同学还给她起了"歪鼻子"、"白头翁"的绰号；甚至没有一个同学愿意和她坐同桌，就这样，科尔被无情地隔离至人群之外。

17岁那年的一天，科尔正在学校上数学课，突然她感到右眼视线变成了一片黑暗。科尔心头一沉，知道自己的右眼从此将失明，这也正是此病症日趋加重必然所致。

后来，科尔以优异的成绩考取了大学。走进大学校园，她依旧是同学们眼中的"怪物"，没有人愿意主动接近她。甚至有人把她的照片贴到网上。网民的留言有些是对她的同情和鼓励，而更多的则是对她的冷嘲热讽，甚至还有人咒骂她不该把自己恐怖的照片贴到网上吓唬人。让科尔更意想不到是，网民们还对知名大学是否该录取"丑八怪"的议题，展开了激烈的论战。很多人都认为科尔这样的丑陋相貌，会影响学校的形象和声誉，提议学校开除科尔。面对如此大的精神压力，科尔只有一个人默默地承受。

一天，在社会心理学课上，老师让同学们讨论自己的理想。教室里一下子炸了锅，同学们神采飞扬的讨论着，只有科尔独自沉默地坐在位子上。接着，老师让同学们一一发言。轮到科尔时，没等她开口，一个男生就抢先喊道："整容，她的理想只有整容。"话音未落，教室里响起一片哄笑声。

科尔转过头，表情认真地看着那个男生说："你错了，我的理想并不是整容。整容也改变不了我脸上的残疾和缺陷。其实，我的理想是做一名律师。"

教室里再次爆出哄堂大笑，同学们你一言我一语的说：

"'丑八怪'律师……"

"谁有这么大的胆子请这样的律师出庭……"

"考验法官胆量的时候到了……"

而科尔表情严肃并语气坚定地说："我要当律师，去帮助那些可怜的受害者，以及遭到他人歧视的身患残疾的不幸的人。"教室里瞬时安静下来，每个人都陷入了沉思中。4年后，科尔大学如期毕业了，并通过不懈的努力考取了职业律师资格证。

现在，女律师科尔时常出现在法庭上，她特殊的容貌依然会招来少数人的嘲讽甚至轻视。而她的病情依然不断地恶化着，医生断言，她右脸颊即将萎缩消失。

科尔说："有一天我的脸可能会消失，但只要我的生命还在，我会继续证明，容貌的美并不重要，重要的是你生命中的自信和坚强。"

（佚名）

花儿记得一路的温情

她们究竟为她在三年里编下多少个理由，埋下多少次单，她都记不清了，但她却知道，那朵永远不会绽放的秘密之花，会为她记得，这一世都不会凋零的温情。

她那一年考到北京读研的时候，曾经有过犹豫，每年6千元的学费，让她这个失去父母一路靠减免学费读完大学的女孩，徘徊了许久。最终，强烈的求知欲望，让她决定贷款供自己再读三年。

班里总共十二个人，清一色全是女孩。每日读完书，一群女子最乐意做的，就是聚在一起，唧唧喳喳讨论时尚衣饰、明星运程、旅游名胜。她喜欢这群热情乐天的女孩，她亦喜欢安静地坐在她们旁边，听她们得意地挑着眉，

胡吹神侃。都是女孩，所以能相互懂得彼此，她从没有因为自己经济困窘，而自动地与她们这一群生活优越的女子划清界限。而她们，也从没有因为她衣着朴素，而不屑与她聊起新款的阿迪达斯和耐克。许多人在校园里，看见这样一群携手招摇过市的女子，常常会惊叹：竟然还有如此心心相印的一群，简直像枝头的一簇花儿一样呢。

但她还是在那一年的秋天里，偶尔感到了一丝想要逃避的凉意。她从一个小镇上来，大学，亦是在郊区读的，到了北京，又恰好遇到了这样活泼的"驴友"，才让她知道，城市原来都像北京，有她无法想象的繁华。她从她们的口中，了解到全国各地许多好玩的去处和诱人的小吃。她们怀揣着一股子诚挚的浪漫，决定在这三年里，将十二个人所处的城市，不仅逛遍，而且吃遍。这个决定一出来，她便有些默然，她不知道如何向她们解释，自己到了北京，才真正接触到了城市，此前，她从来没有将钱"浪费"在出行上。况且，每到一个城市，便由"东道主"负责一切旅游费用的，亦是她无法承受的。但她的确不想扫大家的兴，只好悄无声息地退到一边去，等着她们商量出最终的行程路线后，再找一个合适的理由退出。

最终，她们决定抽签来确定三年的旅游线路。她依然记得那一个秋日的清晨，她与她们坐在银杏飘香的窗前，等着班长，将十二张写有数字的纸条，团成一个个小小的球。她的脸上，除了微微的紧张，还有一丝丝的哀伤。她希望自己能够抽到最后一个，这样，她就可以用三年打工攒下的钱，请这帮好姐妹，逛一次自己的小城，尽管那个小城里没有高楼大厦，也没有长长的购物街，但那里有青山绿水，她可以带她们在小溪旁的绿地上，宿营，点起篝火，唱歌，或者笑成一团。

班长将十二张纸条，郑重地放在桌子中间的时候，大家都不约而同地看向班长，等候她下令来抽。班长很酷地一伸手，指指坐在身旁的她，笑道，今天我这班长，为自己谋点私利，谁有幸挨在我右边，谁就先抽。她羞涩地低下头去，为自己的这一特权，微微红了脸。其余人则"噢"一声取笑班长的自以为是，但笑过之后，则嚷嚷开：小妹，这次就给班长一个面子，你先抽吧。她看一眼眉飞色舞的班长，笑一声，便将手伸向桌子，又略一停顿，便拿起其中的一个。她刚一拿起，其余十一只手，便飞速地将纸团捏起。她还没有打开，周围的人便高声嚷开了自己的顺序。班长则在一旁，飞快走笔，迅速记了下来。大家挤闹成一团，她是最后一个，将自己的号码，告诉班长的。事实上，不用告诉，班长也从记录里，毅然地断定，她定是最后一个了。

她的确幸运地成了最后一个。她想，三年的时间，足够她挣一笔路费，请她们去安静的小镇上玩。这，应该算是自己，回馈给她们这份姐妹情谊的最好的礼物了。

她跟着她们，在这三年里，去遍了许多个城市，上海、广州、厦门、西安，南京。每到一个女孩的家乡，她们的父母，总会尽最大的热情，来招待这一群手足情深的女孩。吃饭、住宿、车票，全都给她们免掉。她们所要做的，就是疯着跑遍整个城市，且将它所有的特色之处，一一收进记忆的行囊。她们在南京，模仿红楼梦里的金陵十二钗，穿上古衣，拿一把小巧的檀木香扇，犹抱琵琶半遮面地，在古镇上留影纪念。

三年的时间，很快地过去。在这三年里，每一次的集体活动，她都会参加。每一次，她都没有为费用为难过，因为，她们有那么多的理由，找人买单。这群女孩，充分发挥着小女子的黏性，赖着自己的老师、学长、朋友、父母，请这"浩荡"的一群，吃饭，游玩，甚至买喜欢的纪念品。而她，则跟着她们一起，享受着作为小女子的特权。

终于轮到她来买单的最后一次旅行。她将攒好的两千元钱，点了又点，知道足够来回的路费，便微笑着给她们发短信说，我们去做最后一次旅行吧。那时的她们，正在为各自的工作，四处奔波，但为了这次驶向终点的出行，11个女子，皆从全国各地，聚拢了来。就在出发的前一天，导师突然打电话给她，说：你们可真是不讲义气的小女子，这最后一次出行，也不邀请我去。她呆愣片刻，随即愧疚，说，老师，如果您真能抽出空来，跟我们一起去，女孩子们都会高兴坏了呢。

那次出行，女孩子们轮番地拍导师的马屁，直拍得导师白她们一眼，嗔怒道，早知道你们心里的花花肠子了，放心吧，我会大方地把没花完的经费拿出来，赞助你们来回路费的。一群女子皆哗哗地鼓掌，说，我们替小妹谢谢老师哦。接着她们一脸羡慕地转向她说，小妹，到了小镇，你可要好好做一桌家乡菜，感谢我们为你大力拍马哦。一车厢的人，皆笑趴下，而她却在

这样突如其来的幸福里，扭头落下了眼泪。

到了许多年后，她上网，看到一个同门师妹的博客，讲起她们声名远播的"金陵十二钗"，这才知道，她们为她，保守了一个怎样的秘密。那次抽签，所有的纸条上，都写着12。而每一次出行，大家其实都是自费。三年里，她们集体出游过11次，一起吃过无数次的饭，每一笔她需要付出的费用，都是这11个女孩子，自动地分担了。她们为了她的自尊，将每一次需要花钱的饭局、出行，都找了完美无缺的理由，让她如此安然地享受着作为女孩子的"特权"。甚至，在最忙的毕业前夕，她们集体去求导师，让她帮忙，给她最后一个免费出行的理由。

她们究竟为她在三年里编下多少个理由，埋下多少次单，她都记不清了，但她却知道，那朵永远不会绽放的秘密之花，会为她记得，这一世都不会凋零的温情。

水晶杯溢满青春的缱绻

那一瞬间我突然懂了，在青春初绽的时节里，因为一个美丽的误会，那只逃亡的丑小鸭变成了今天优雅的黑天鹅。

大二暑假来临的时候，我找到一份薪水优厚的工作，在一家外语培训中心的夏令营活动里，负责10个孩子的英语学习。杜浅任培训中心教务主任。

他是我们学校法语系有名的才子，研二，大我整整四届，是无数女孩子瞩目的对象。因为这层关系，我们很快熟悉起来。他就像一颗偶然吹进我心里的种子，即使是在酷热的暑期里，也固执地生根发芽了。

他喜欢在清晨独自骑着脚踏车去营地附近的湖边练发音，伴着林鸟啾啾，优美的法语像是一首缱绻浪漫的爱情诗；中午他会和年轻老师们一起吃饭聊天，说到教学安排和出游计划，讲的笑话逗得人只想喷饭；到了黄昏太阳快落山的时候，他会带着孩子们去操场上踢球，一个拼花的足球，在笑声里斜斜飞过红霞铺展的天空。

我第一次心动了，并产生了一个疯狂的念头，想要主动追求他。于是每天早上即使再困，我也强制自己 6 点起床去湖边晨读，并时常装作不经意间同他偶遇，打声招呼就走到一边大声念书。

我带着一颗初恋的甜蜜羞涩的心，在黑夜里辗转反侧。最后我对自己说，等回到学校，我就要向杜浅表白。

暑期很快结束，我和杜浅都回到了学校，还像朋友一样往来。但我却没有向他表白，因为那时我才知道，我同班同学徐萌是杜浅的老乡，而徐萌和杜浅的关系，在大多数同学眼里，是那么的千丝万缕，甚至扑朔迷离。

徐萌就像是另一个杜浅，从入学开始，一直是系上有名的美女才女。

我并不想知道他们是怎么回事，但我明白，送走那个夏天，杜浅离我已经越来越远。上课时我坐在徐萌身后，会生出一种深深的自卑感。和徐萌相比，我不漂亮，也没有傲人的才气，杜浅和她看起来是那么般配的一对，我凭什么插入他们中间呢？

很快到了杜浅毕业。那个热得令人发狂的夏夜，即将离校的杜浅请朋友唱歌。在歌厅昏暗的角落里，我难过地看着他和徐萌两个人，在屏幕前声情并茂地唱一首首情歌。

那天我们都醉了，徐萌趴在我肩上含糊不清地哼着老歌。杜浅坐在我们对面一直笑，又像是有话要说。

这时不知是谁恶作剧，房间的灯光和屏幕的光亮陡然熄灭。我惊恐地去抓徐萌的手，却被一只温柔的大手拉住，落进有着熟悉气息的怀抱里。

CD 机里还回旋着《恋恋风尘》的旋律，我的脸颊上，突然多了一个轻轻的湿湿的吻。

是杜浅。他在对我悄声叹息：傻丫头，其实我一直喜欢你。答应我，好好念书，等你毕业，我一定回来找你。

我的心跳得快要裂开，突如其来的狂喜把我击倒了。我羞怯又慌乱地推开他，在嬉笑声四起的黑暗中，感到整个脸都已经熊熊燃烧起来。

后来灯光就亮了，我看见杜浅站在房间中央，拿起了麦克风。我们的目

光穿过人群相遇，他露出了调皮又饱含深意的微笑，然后故作镇定地转开去。

我的心里刹那间鸟鸣莺啼。我觉得自己就是那只越过篱笆逃亡森林的丑小鸭，因为有了杜浅的爱，所以不再萎缩在衰草灌丛中，而是渴望着成为一只优雅的黑天鹅。我对自己说，即使是徐萌这样优秀的女生，也没能得到杜浅的青睐，所以平凡的我一定要长出丰美羽翼，等到杜浅回来找我的那一天，能展开足够有力的翅膀，和他一起飞翔。

杜浅离开了学校，临走时我们没有说过一句与约定有关的话，我甚至没有去车站送他。但我知道我必须为了他活得精彩起来，等到我变成真正的黑天鹅，我才会骄傲地站在他身边，对他说我是因为他而出色美丽。

我没想到徐萌把我当成了竞争对手。若是以前，我觉得和徐萌竞争简直是件不敢想像的事情，可有了杜浅的话，再难的事也变得简单起来。渐渐的，每天出门，我都能从镜子里看到一个充满朝气的自己，熟悉我的同学都忍不住惊叹，秦真真，原来你真是一块未经雕琢的玉。

面对徐萌，我再也没有了以前的自卑感。后来她问我和杜浅有没有联系，我坦白地说，除了偶尔通信，我和他都把这一年的分离当作磨砺期。这一年，我们退出彼此的生活，是因为都心怀期待。他等着看我惊人的蜕变，而我，要逐渐修炼直到能配得上他为止。

徐萌翻翻白眼，用酸溜溜的语气说，哼，脑子都有问题。我也懒得反驳，依旧春光灿烂地生活和学习。

临近毕业，徐萌申请到英国的奖学金，提前答辩后离开了学校。我被保送上本校的研究生，像只新生的蝴蝶一样等待着杜浅的到来。

只是那以后，我再也没有任何杜浅的消息，他就像一颗滴入泥土的露水，彻底消失在我的生活中。

那是一段让我备感孤寒的日子，徐萌倒常有信来。她不着痕迹地炫耀着丰富多彩的留学生活，用隐讳却分明是幸灾乐祸的口吻嘲笑我说，没了杜浅，你就要打回原形。

后来有一天，她打电话给我，说杜浅给她写信了。她的口气充满胜利的骄傲和对我的藐视。

我在一场秋雨来临时的大哭后，烧掉了所有为杜浅写下的日记。我决心好好念书活出一个漂亮的自己，多年后，让徐萌为对我的藐视感到羞愧，更让杜浅看到我时，为当年的放弃而后悔。

一晃好几年过去，我结束了日本的访学生涯回到国内，在大学里做了老师。

转眼春天到了，意外的，我收到了徐萌寄来的请束，但新郎不是杜浅。

在她婚礼上，我看到了多年不见的杜浅。他还是像当初那样眼神晶亮笑容调皮，看见我甚至给了我一个大大的拥抱。

我仍不免感慨万千，忍不住问他，为什么没和徐萌在一起？

他有些遗憾地笑起来，说其实毕业那天晚上，他曾经趁灯灭的时候对徐萌表白过，却没有得到她的回应，她一直是个骄傲独立的女孩，有她自己的路要走。

我在那一刻震惊得几乎说不出话来。后来我问杜浅，你毕业以后还给我写过信吗？他抱歉地笑了，说实在是对不起，当时我因为徐萌的关系，甚至不肯和所有旧朋友联系，到后来就已经没了你们的联络方式。

那一瞬间我突然懂了，在青春初绽的时节里，因为一个美丽的误会，那只逃亡的丑小鸭变成了今天优雅的黑天鹅。而在那段欢笑与泪水并存的日子里，除了爱情，我拥有的甜蜜记忆，还有那么多。那是关于一个状如童话的美丽谎言，是关于一个女孩教会另一个女孩成长的秘密，那是我们关于青春最美好的追忆。

（佚名）

站在烦恼里仰望幸福

> 然而，就像卞之琳《断章》所写的那样，我们常常看到的风景是：一个人总在仰望和羡慕着别人的幸福，一回头，却发现自己正被别人仰望和羡慕着。

人生烦恼无数。

先贤说，把心静下来，什么也不去想，就没有烦恼了。先贤的话，像扔进水中的石头，而芸芸众生在听得"咕咚"一声闷响之后，烦恼便又涟漪一般荡漾开来，而且层出不穷。

幸福总围绕在别人身边，烦恼总纠缠在自己心里。这是大多数人对幸福和烦恼的理解。差学生以为考了高分就可以没有烦恼，贫穷的人以为有了钱就可以得到幸福。结果是，有烦恼的依旧难消烦恼，不幸福的仍然难得幸福。

烦恼，永远是寻找幸福的人命中的劫数。

寻找幸福的人，有两类。

一类像在登山，他们以为人生最大的幸福在山顶，于是气喘吁吁、穷尽一生去攀登。最终却发现，他们永远登不到顶，看不到头。他们并不知道，幸福这座山，原本就没有顶、没有头。

另一类也像在登山，但他们并不刻意登到哪里。一路上走走停停，看看山岚、赏赏虹霓、吹吹清风，心灵在放松中得到某种满足。尽管不得大愉悦，然而，这些琐碎而细微的小自在，萦绕于心扉，一样芬芳身心、恬静自我。

对于心灵来说，人奋斗一辈子，如果最终能挣得个终日快乐，就已经实现了生命最大的价值。

有的人本来很幸福，看起来却很烦恼；有的人本来该烦恼，看起来却很幸福。

活得糊涂的人，容易幸福；活得清醒的人，容易烦恼。这是因为，清醒的人看得太真切，一较真儿，生活中便烦恼遍地；而糊涂的人，计较得少，虽然活得简单粗糙，却因此觅得了人生的大境界。

所以，人生的烦恼是自找的。不是烦恼离不开你，而是你撇不下它。

这个世界，为什么烦恼的人都有。

为权，为钱，为名，为利……人人行色匆匆，背上背着个沉重的行囊，装得越多，牵累也就越多。

几乎所有的人都在追逐着人生的幸福。然而，就像卞之琳《断章》所写的那样，我们常常看到的风景是：一个人总在仰望和羡慕着别人的幸福，一回头，却发现自己正被别人仰望和羡慕着。

其实，每个人都是幸福的。只是，你的幸福，常常在别人眼里。

（佚名）

第四辑　心灵深处

　　世界上最宽阔的东西是海洋，比海洋更宽阔的是天空，比天空更宽阔的是人的心灵。在一个个感人至深的心灵故事中，仿佛有一个心灵导师款款走来，跟我们细语生命的真谛，生活的本质。我们的心灵，在这低述中渐渐清澈，渐渐丰盈。当生命的赞歌一曲曲响起时，让我们静下心来，谛听这心灵深处的声音吧。

大树和我们的生活

一棵树在漫长的成长过程中，会遇到各种大大小小的灾难，但它要是都挺过去了，经历了时间的考验，它就会成为一棵大树。

如果你的生活中，周围没有伟人、高贵的人和有智慧的人怎么办？请不要变得麻木，不要随波逐流，不要放弃向生活学习的机会。因为至少在你生活的周围还有树——特别是大树，他会教会你许多东西。一棵大树，那就是人的亲人和老师，而且也可以毫不夸张地说，它就是伟大、高贵和智慧。

更早发现这一点的，是托尔斯泰。他在《战争与和平》这部巨著中，有一段保尔康斯基公爵与老橡树的对话，就体现了树的生命对人的生命所产生的不可忽视的影响。再早些，中国历史上也有人流露过这种意思，叫做"树犹如此，人何以堪"。这证明，树的生命比人的生命更长久，从"阅世"的意义上看，人是比不过树的。所以，你若是到十三陵，看到周围静立在那里的松柏，尤其是看到那种虎卧龙盘的老柏，会不由得生出某种敬畏和感激——有什么办法，帝王们全都死了，它们却依然活着，默默地、居高临下地看着人间的兴衰更迭、生死荣辱。在某种意义上，它们就是历史，它们就是帝王。

我甚至觉得没有什么哲学比一棵不朽的千年老树给人的启示和教益更多。同样是生命，树以静以不言而寿，它让自己根扎大地（根据地）并伸出枝叶去拥抱天空，尽得天地风云之气。相比之下，人愚蠢而又浅薄，人一生都在说话，声嘶力竭，奔走呼号，没有人肯静下来想一想，没有人想到向树学习点什么，在人的心目中，树是傻瓜。那么在树的心目中人是什么东西呢？不清楚。能够清楚的是，树的存在为人们贡献了自己的全部，从枝叶到花果根干，却也从未向人们索取过什么。许多家畜供人驱使食用，但同时也靠人喂

养照料。树本来是用不着人养的，它在大自然中间活得好好的，姿态优美，出神入化。那些绝崖石缝中斜逸而出的美松树是靠人养活栽种的吗？谁敢到那种险处去呢？树甚至连恳求人们不要砍伐它的意思都不曾流露——那是锯子在尖叫而不是树在尖叫。

等到大树被伐倒了，人们看到了它的心——年轮，一圈一圈，岁月的波纹荡漾，生命的记忆永存。这时候，略有悟性和良知的人就全明白了：树绝不是麻木的，而恰恰是有灵有智的。它虽不语不行，心里面却比谁都清楚。它与山河大地、飞禽走兽、风云雨雪雷电雾的关系，比人更深入、更和谐。它是处理这些复杂关系的大师。

它不靠捕杀谁、猎获谁而生存，但它活得最长久。这可真不是一件简单的事儿，它连草也不吃，连一只小虫子的肉也不吃，但它却能长得最高大、最粗壮、最漂亮。这才是奇迹呢，树不用吃饭。真正有生命活力的大树全都已经与天地风云融为一体了，它与山河共呼吸，取万物之精气，反过来又养育万物；得日月之灵华，结果又陪衬日月。若是说什么气功，树才是真懂气功的大师。要说什么"天人合一"，人类不过从树那儿学了一点皮毛。

我在塔克拉玛干边缘的墨玉县见到过一棵八百年的梧桐树王，那样干旱的沙漠边缘，它得有多么大的修行才能活过来呀？何况它不仅活着，而且枝叶繁茂，生机勃勃，它像一个巨人一样健康地屹立着，襟怀博大，人和梯子在它脚下显得极其可笑。

它的王者风范不是靠什么前呼后拥的虚势造成的，它靠它的阅历、它的顽强生命力、它的光辉的生命形态，使人望之而生敬仰之心、爱慕之情，使人认识到伟大、高贵、智慧这些词语从人类头脑中产生时的本意。

我还见到过五百年高龄的无花果王，这件事我也在《和田行吟》一文中描述过。它占地数亩，落地的无花果使它周围散发着甜腻的腐败和幽深的清香，它的枝干如同无数巨蟒纠缠盘绕、四处爬伸。它达到了它这种植物的极致，造就成、编织成一座自己的宫殿。

但是树和人一样，同样有各式各样的苦难伴随，除了被砍伐之外，还有各种艰难。在天山南麓温暖干燥的农村，白杨是路边、渠旁、屋后、田畔常栽的树，它绿叶飒飒直耸高天。可是有一年冬天，南疆奇冷，这些适应了温暖干燥气候的白杨经历了打击。有些已经非常粗壮、高大的白杨被生生从中间冻出一条裂缝，裂缝一指宽，从树这边透过裂缝可以一眼看到那边的农田。

还有一年八月北疆下大雨，下着下着，变成了大雪。大雪里饱含水气，落在仍然枝叶翠绿茂密的树上，雪积了很厚、很重的银冠。第二天阳光一照，十分奇丽壮观。但是不少树承受不了了，枝丫被压得劈开。银雪、绿叶之下，被劈折后露出的白生生的枝丫内质，望过去就像人的白骨被折断后的模样，一样的惊心动魄。树无声，可是你完全可以感同身受它们骨折的疼痛。

一棵树在漫长的成长过程中，会遇到各种大大小小的灾难，但它要是都挺过去了，经历了时间的考验，它就会成为一棵大树。这样的大树会引起人们特殊的敬意。比如在哈密，就有一些幸存下来的百年老柳树。它们的形态确实不同凡响，一看就知道，是有特殊生命力和特殊经历的树。它们身上都有编号挂牌，就像勋章一样，代表着特殊的荣誉。这些柳树就是大名鼎鼎的"左公柳"——左宗棠平阿古柏后沿途栽下的柳树。可是当年"遍栽杨柳三千里"，能活到今天的，已经只有这些了。

你细细端详这些巨大的柳树，会从它们每一棵树的神态雄姿上，找到左宗棠的神韵，一派大人物风范。我当时就颇觉疑惑，心想，难道树也会遗传栽树人的风貌吗？要是果然如此，那树就是通神通灵的生物了。

看来我们对它们了解得还远远不够。

（周涛）

城市日光

只有阳光的洗礼才能透彻你所有的毛孔与骨质，光明穿透重重叠叠的肌肤抵达你内心的牧场。

阳光是厚厚的窗帘和窥视者，映出紫罗兰图案与一些蓝色植物。在阳光的背面是真正的黑暗长河，汇积了污泥浊水，在那些暗淡的隔角，或城市的下水道，长出霉斑与青苔，黑暗的羽翼保护那些阳光下的罪恶，欲望和压抑、邪毒和欢愉与生命同步生长、玻璃窗后疯狂，残酷，恶毒，仇怨在一片阴暗的内心展开，最后结成罂粟般美丽的果实，女人和大烟在享受夜晚的阳光，我们成了硝烟瓦砾中幸福成长的那代人：跨世纪的人群。

我记得阳光应从木格的纸窗里渗透进来，那样才能把草民的人生过滤。太阳鸟唤醒你的时候，光芒四射的人生洗礼从童年便开始。

只有阳光的洗礼才能透彻你所有的毛孔与骨质，光明穿透重重叠叠的肌肤抵达你内心的牧场。

那天是午后的斜阳，我迎着光芒注目瞭望中央电视塔。糟了，这城市的阳光已经变质，红黄的色泽已变成了生锈的酱色，那污染早已不在高楼大厦之间而在一个庞大的天体覆盖之下，粉尘和黑绿把阳光浸泡得干燥，生硬，麻辣，酸脆，古怪的光线如角刺杀伤视力。我知道在我发现污染时，内心的阳光早已污染。

纯净阳光，从灵魂出发。

我看到高原一支驼队，还有马匹在山脚探索，那是地质勘探的苦旅，用标尺与铁锤敲开岩石采掘地下的阳光，茫茫雪域，背景一尘不染的蓝天，那些地下的金块与宝石与天空太阳融为一体，那才是锻炼了的阳光质地。

行走在平坦广漠的荒原上，一片绿色的草地展开一汪湖泊，水意在草场上浮升，阳光一缕一丝地泻落，化合为生命养料，抚摸牛羊马背，这时阳光如同泉水点滴渗入生命的内部，这才真正照耀了个人命运的历程。

我们出海，一篷帆船在浩浩荡荡的大海之上，一阵毫无由来的风掀动水的衣襟，扩散浮泛的水层，阳光是千千万万只手掬起金色的液体，让光芒超过头颅，滴下来，那是生命真正的渴意。

我理解纯粹的阳光，是具水质感的光芒。

通过清纯之水过滤，阳光和生命一同抵达永恒。

我渴望，一次灵魂真正的渴望。从天空滴下那点水质的阳光，那才是我生命所期待的觉醒。

纯净我们的阳光，因为人类只有一个太阳。

（刘恪）

天堂使者特蕾莎

吃这餐饭可能是一种浪费。一顿豪华国宴只能供一百多人享用而已，却可以让一千五百名印度穷人吃一天饱饭。

在人人都想致富的今天，人们怎么使用和消费劳动所获的财富，包括奖金，外人当然无权干涉，可是有一种在今天已经很稀缺的东西——被叫做"感动"的，却可以从如何使用奖金上体现出来。不过，最使我感动的是特蕾莎修女对奖金的使用。

1979年，当诺贝尔奖评委会宣布把当年度的诺贝尔和平奖授予特蕾莎修女时，她似乎感到了某种困惑，因为她从未想到过获奖，而且做梦都没有想到过自己有一天会突然成为富翁——这是一个今天人们梦寐以求的生活理想。由于没有充分的准备，而且似乎自己并不适宜于当一个富人，特蕾莎修女本能地迟疑着，而且想拒绝这个奖项和这一大笔一夜之间就可以让她富起来的奖金。但是，诺贝尔奖评委会的颁奖理由却让她发现了自己应当领这个奖和怎样用这笔巨额奖金的理由或思路。

评委会说："她（特蕾莎）的事业有一个重要的特点：尊重人的个性，尊重人的天赋价值。那些最孤独的人、处境最悲惨的人，得到了她真诚的关怀和照料。这种情操发自她对人的尊重，完全没有居高施舍的姿态。而且，她个人成功地弥合了富国与穷国之间的鸿沟，她以尊重人类尊严的观念在两者之间建设了一座桥梁。"

于是在挪威奥斯陆那金碧辉煌的市政厅，特蕾莎修女郑重地对全世界说："这项荣誉，我个人不配领受。今天，我来接受这个奖项，是代表世界上的穷人、病人和孤独的人。"随后她既对人类这个世界作出了入木三分的剖析，又对自己的行为原则作了诚实的解释：我既不说，也不讲，只是做。

没错，很多人都估计对了，她是要把这笔奖金全部捐赠出来，用到那些穷人、病人和孤独的人身上。但是，特蕾莎修女似乎对此还不满足，而且对金钱还有更多的一丝"贪婪"。当她知道在颁奖仪式上为全体来宾所准备的国宴需要花费不菲的资金时，不禁黯然神伤，眼角溢出了闪光的东西，那是一种感伤的泪。正如几年前的教师节上，当贫穷山区来的教师在北京招待他们的一次高规格宴会上得知这一餐饭的价格，比他们一年的工资（而且常常是无法按时拿到）还高时，不禁当着摄像机泪流满面。

特蕾莎抹去了眼角的泪，带着深深的不安对诺贝尔奖颁奖仪式的主管者发出真诚的、柔弱的、但又几乎是难以拒绝的请求："客人们能不能不享用这次盛宴，而把这次国宴的钱连同诺贝尔奖金一起赠给我。因为……因为……吃这餐饭可能是一种浪费。一顿豪华国宴只能供一百多人享用而已，如果把钱交给我们仁爱传教修女会使用的话，却可以让一千五百名印度穷人吃一天饱饭。"特蕾莎说这番话的时候带着深深的不安，因为她的请求可能让很多尊贵的客人无法享用这次风光无限的大餐，而且甚为扫兴，那里不仅可以吃到法国鹅肝酱、法国牛排、挪威鹿肉等世界名菜，而且还可以与全球名流、著名学者、各国政客见面。但是，为了穷人，特蕾莎修女豁出去了。

出乎特蕾莎的意料，她的要求并没有得罪当年的高贵客人，反而深深地打动了他们。他们一致同意，取消那一年的国宴，把办理国宴的六千美金餐费统统交给特蕾莎修女。特蕾莎修女遵守了自己的诺言，为穷人和孤独的人领奖，连同这笔国宴费和当年的和平奖奖金十九点二万美金，一并捐作麻风病防治基金之用。

她和其他修女一起办起了儿童之家，收养从路上捡来的先天残疾的弃婴，把他们抚养成人，并告诉他们"你是这个社会重要的一分子"；还有麻风病人康复中心，收治照顾那些甚至被亲人唾弃的人，让他们感到自己"并没有被天主抛弃"；最著名的是她在贫民区创办的临终关怀院，使流落街头的垂死者得以在呵护中度过生命中最后的时光。她说："这些人像畜生一样活了一辈子，总该让他们最后像个人样。"那些被背进关怀院的可怜人，有的躯体已经被鼠蚁咬得残缺不全，刚入院洗澡时往往用瓦片才能刮去身上的污垢，他们最后握着修女的手，嘴角带着微笑"踏上天国之路"。一个原本对特蕾莎修女的善行心存疑虑的印度教法师，当看到她一丝不苟地为一个快死的男人清理布满蛆虫的伤口时，惭愧地说："我在寺庙供奉圣母女神三十年，今天才看见圣母的肉身！"

她所帮助的人从来不上教堂，因为他们衣衫破烂；不会哭泣，因为他们没有眼泪可流；从来不祈祷，因为他们认为那没有用；甚至不会请求，因为一向没有人会理睬他们。但在这位可爱的修女眼中，他们的生命同样值得拥有尊严，那是同一个上帝，他们的伤痕就是基督的伤痕。

人类缺少爱心是导致世界贫穷的原因，而贫穷则是我们拒绝跟别人分享的结果，我很喜欢特蕾莎修女的一段话："如果你做善事，人们可能会说你自私自利，别有用心，但不管怎样，总是要做善事。"它说明，一个人可以做自己认为值得做的事，而无需顾忌别人的评价。

特蕾莎修女就是这样做的，她无力改变全世界的黑暗，就努力使身边的地方变得光明。

（佚名）

丁香花下

在我们一生中，生活有时会像河流一样，和另一条河流遇合了，又分开了，带来了某一种情绪的波流，永远萦绕着我们的心灵……

今年的暮春和初夏，我是在北京度过的。除了刮风天和阴雨天，我吃过晚饭后就溜达到中山公园去，在紫丁香花丛中消磨掉整个黄昏。一个人安静地坐在公园的长椅子上，让那浓郁的花香弥漫在包围着我的气氛里，沉思着四十多年来像云烟一般的前尘往事。对于一个性情孤僻而心境寂寞的老年人来说，这恐怕是最难得的享受了。

一个熟悉而亲切的面孔突然出现在我的面前，他的年纪和我差不多，是一家有名的出版社的老编辑："怎么，老王，又是在这儿碰到你，你好像对紫丁香花有点特殊的感情似的。"

"唔，也许，紫丁香花这种淡雅而又有点忧郁的情调适合我的气质。"

"这恐怕不见得是唯一的原因吧！"他狡黠地眨着眼睛，"在你的一生中，说不定有一件不寻常的事情和紫丁香花有点什么关系。比方说，在年轻时候，你是不是认识过一个像紫丁香花一般忧郁的姑娘？"

像我这么一大把年纪，距离"灰飞烟灭"的日子已经不很远，似乎再也没有什么事情需要"保密"了。而且，像这样美好而纯洁的回忆，多让一个朋友知道也未尝不是好事。我们并肩坐在长椅子上。我稍微沉默了一会儿，就开了腔，那位老先生居然全神贯注地在倾听着。

"说起来，这是 44 年前的事了。和我同时代的人也许还会记得，1936 年 3 月 31 日，北平的大、中学生在沙滩北大三院开过一个追悼在狱中受刑病死的战友郭清的大会，会后举行抬棺游行。我和六七百个同志参加了这次游行。

我们的队伍从北池子走到南池子，就跟上千名反动军警碰上了，他们挥舞着警棍、皮鞭和大刀向游行队伍冲击；而我们却赤手空拳，只能用几根竹竿招架着。经过一场激烈的搏斗，我们终于被冲散了。当场逮捕了五十多个同志之后，反动军警还穷追着我们，几乎是两三个撵一个。我在前面跑，两个警察在后面追，我后脑勺挨了一个警棍，鲜血渗出了便帽，滴在天蓝色的大褂儿上，前后都有斑斑点点的血迹。幸亏我在大学里是个运动员，终归跑得比他们快些，一眨眼就把他们拉下了一百多米。我窜过几条七枝八叉的胡同，跑进北池子南口的一条小巷里，眼看着有一户人家虚掩着门，我推开门一闪身躲了进去，反手就关上了门。当时我浑身都是污泥和血迹，脸上也是红一块花一块的，不像个人样。院子里收拾得挺干净，静悄悄的，没有一个人影。过了半晌，门帘子一掀开，走出来一个很文静的姑娘，小个子，大眼睛，年纪看来还比我小一两岁，大概是个高中学生吧。她看到我这个模样，吓了一跳，但还是很镇定地问我：'您怎么啦？哪儿受的伤？'

"'我是个学生，刚才去参加游行，被警察打伤了。他们要抓我。借您这儿躲一躲，行不行？假如您不同意，我马上就出去。'

"'您不能出去。这个样子出去，岂不是自投罗网！来！让我先给您包扎一下。'接着，她把我领进屋里，拿出绷带和药棉，上了药，迅速地用熟练而轻快的手指给我包扎好伤口，用酒精擦干净我的脸孔，关切地问道：'弄痛了您没有？不难受吗？'

"我整理整理衣服，站起来：'不怎么痛啦！我可以走了。'

"她拦住我：'不行，您身上有血迹，警察会认出来的，得换上衣服，戴上呢帽！'她从衣柜里拿出一件蓝布大褂儿和一顶旧呢帽，'是我大哥的，您穿戴上大概还合适，他个子和您差不多。'

"我一再推辞，她有点生气了：'唉，您这个人呀，真是个书呆子！生死关头，逃命要紧嘛，还顾得上那么多礼数？'

"我走出这户人家，回头望一眼门牌号码。靠着蓝布大褂和呢帽的掩护，谁也看不出我是个被打伤的'逃犯'，拐了个弯，到了骑河楼清华同学会，坐上直开清华园的校车，我就这样安然无恙地脱险了。

"我养好伤以后，总想着要把蓝布大褂和呢帽还给人家。直接送到她家里

去吗？万一出来应门的不是她而是别人，那我该怎么说才好呢？我只好写了一封短信，请她在下一个星期六的傍晚亲自到中山公园来今雨轩旁边的紫丁香花丛附近，取回我借去的大褂和呢帽。收信人的姓名只写着'大小姐'收，落款我没有写，因为那天在匆忙中我们谁都没有请教过彼此的尊姓大名。

"我们终于在紫丁香花下见面了。她很大方地走到我面前，稍微点点头示意。

"当时我还是一个十分腼腆的小伙子，我总觉得，随便询问一个不认识的姑娘的姓名或者介绍自己的姓名都是不太庄重的、太唐突的。我只是激动地对她说：'非常感谢您的帮忙，那一天，要不是换了衣服，我一出门就会被捕的。胡同口有两只穿黑制服的狗在守着呢！'

"'别客气！这些都是我应该做的。其实这些旧东西您大可不必还给我。'

"'我怕您不好向您的大哥交代！'

"'不要紧。他不是经常穿戴的。再说，他和您一样，也是个大学生。他是爱国的，不过，没有您那么勇敢。'

"她将手上的纸包递给我：'给，这是您那天换下来的布大褂和便帽，上面的血迹我给洗掉了。多可惜，这是志士的鲜血啊！'她半开玩笑半认真地说。当时有一支流行的爱国歌曲《五月的鲜花》，开头有一句歌词：'五月的鲜花开遍了原野，鲜花掩盖着志士的鲜血。'

"'其实，您也大可不必还给我。这件血衣，留下来作纪念不是很好吗?'

"她稚气地笑着说：'您叫我搁在哪儿呢？假如家里的人问起来，我又该怎么说才好呢？这件事，除了咱俩，现在还没有第三个人知道！我爹是个好人，在中学里教书，他胆子小得要命！假如让他知道了……'

"她默默地望了我一眼，好像要记住我的容貌似的。但很快就说：'假如没有什么事，我该走了！'临别时我们轻轻地握了握手，手指尖仅仅接触到对方的手指尖。她走到离开我约摸十多步的地方，迅速地回过头来望了我一眼，好像有点依依惜别的样子。她那轻盈而苗条的身影，很快就消失在苍茫的暮色和茂密的紫丁香花丛里面了。我猛地想跑上前去跟她多说几句话，至少问清楚她的姓名，但我终于痛苦地克制住自己，我不愿意株连她，因为我还随时有被捕的危险。

"这就是全部事情的经过，要说是'爱情'吧，恐怕算不上；要说是友谊吧，又和普通的、寻常的友谊不太一样，好像多了一点什么东西——革命的情谊，一种患难与共、信守不渝的革命情谊，这是人世间最值得珍贵的东西。不知怎的，虽然事情已经过去四十多年了，每当我一看到紫丁香花，一闻到紫丁香花的香味，我就情不自禁地想起了这么一件事，这么一个人，仿佛又看到她那消逝在紫丁香花丛中的身影，仿佛又听到她离去时轻轻的脚步声。"

听完了我的故事，那位老先生无限感慨地说："在我们一生中，生活有时会像河流一样，和另一条河流遇合了，又分开了，带来了某一种情绪的波流，永远萦绕着我们的心灵……淡淡的，却难忘！唉！怪不得你那样喜欢紫丁香花。不过，你真是个古怪的老头儿，在斑白的头发底下还保持着一个二十岁小伙子般强烈的感情，这样的人是不会幸福的。"

（黄秋耘）

名作曲家的客人

世界上最具历史的交响乐团，最动人的曲目之一，簇拥着荣耀的一个晚上，全被一只任性的狗中断了。

当一只狗打扰一个音乐会时，会是什么样子？要知道这问题的答案，请在一个春天的晚上跟我到堪萨斯州劳伦斯市去。

在霍克大厅拣个座位，观赏莱比锡 Gewandhaus 乐团——世界上最老牌的管弦乐团之一的演出。历史上曾有许多著名的作曲家和指挥家都曾经指挥过这支乐团，它从贝多芬的时代便开始表演（成员代代相续）。

你看着那些衣着体面的欧洲人在舞台下找到各自的座位，你听着那些音乐家为他们的乐器调音——打击乐师的耳朵靠近定音鼓，小提琴手以手指拨

弄琴弦，单簧管吹奏者上紧他的乐器。灯光渐暗，调音停止，你则正襟危坐。音乐会即将开始。

穿着燕尾服的指挥家大步走到台上，站上指挥台，示意乐团起立。你和其余两千人起立鼓掌，乐团坐下，大师就位，观众屏息以待。

在闪光与雷声之间，曾有一秒钟的寂静。那是指挥棒提起与音乐爆发前中间一秒的寂静。

当指挥棒落下，苍穹为之而开，贝多芬的第三交响乐倾泻下来，你愉悦地沉浸其中。

在堪萨斯州劳伦斯市那个春季的晚上，就爆发了那样的力量。那里天气很热，所以你能明白为何门皆大开。霍克礼堂，一栋历史悠久的建筑物，没有冷气设备。舞台灯光、正式的穿着，加上猛烈的音乐，结果是一场加温的音乐会。舞台两侧的门被打开，以便凉风吹进来，那只狗从舞台右边的门走进来，一只棕色、普通的堪萨斯狗。不是一只恶犬，也不是只疯狗，它只是好奇而已。它走过低音提琴手，穿越第二小提琴手，向着大琴手走过去。它的尾巴随着音乐摆动。当狗走过乐团，演奏者看着它，然后彼此对看，再继续演奏下一小节。

狗对某只大提琴特别感兴趣，或许由于琴弓的侧面移动，抑或因为那与眼目平行的琴弦。

不论如何，它抓住了狗的注意力，教它驻足观看。大提琴手不知如何是好，他从未表演给狗听，音乐学院也从未教导，若是狗的唾液落在 16 世纪 Guarneri 提琴的琴漆上，会有什么结果。但狗只看了一会，便径直走开。它若是一直穿过乐团，音乐大概可以继续进行；它若是依照舞台管理员的招呼手势走过去，观众可能根本不会注意。但它并没有离开，它留了下来，在华丽的乐器中留了下来，在悠扬的音乐中徜徉。

它过去看看木管乐器，转头来看看小号，站在笛手中间，又站到指挥身旁。终于贝多芬的第三交响乐无法完成。

团员们失声而笑，观众也笑了。狗边看着指挥家边喘气，指挥家放下了指挥棒。

世界上最具历史的交响乐团，最动人的曲目之一，簇拥着荣耀的一个晚上，全被一只任性的狗中断了。

当指挥家转身过来，笑声顿时停止下来。观众在大师面前静默无声，接下来造诣高超的德国指挥家看看观众，再低头看狗，然后再看看观众，耸肩举手作了一个全世界通行的——无可奈何的手势。

每个人都笑了。

他走下指挥台，过去搔搔狗的耳朵后，它的尾巴恢复摆动。大师对狗说了些话，他说的是德文，但狗似乎听得懂。双方对视了几秒钟，大师便牵着狗的颈圈离开舞台。观众掌声的方式会使你以为那狗是男高音帕瓦罗蒂。指挥家继续指挥，贝多芬的音乐丝毫没有因此逊色。

能在这一幕看见你我吗？

我能，就假设我们是那只狗，上帝是指挥家好了。

想象一下我们登上他的舞台，那原本是不配的，我们无法赚取这份殊荣，我们会惊愕看见这么多音乐家。

那音乐是从未听过地悦耳。我们在天使中间漫步，聆听他们的歌唱。我们看见天国的光辉，我们在光辉中喘气。我们走到大师身旁，站在他身边，尊崇他的领导……看到那从未看见的，且沉醉在其中，（我们被邀请）侧耳聆听天籁之音——渴望留在大师的身旁。

他也会欢迎我们，对我们说话。但他不会带走我们，他将邀请我们留下来，永远在它的舞台上。

（詹姆斯·道森）

荒野上的路

人的路到头了剩下窄窄的野羊和兔子的路、老鼠和蚂蚁的路、长虫和蝎子的路……朝荒远处延伸下去。人沿着这些动物的路再往前走，走久了又成了人的路。

从乌伊公路一百八十五公里处——沙湾县城，一直朝北，到沙漠边上，再没处可去的地方，就是我生活多年的那个村庄。

我小的时候，不知道有一条路分叉到这里。从我会走路，到下地干活的一二十年里，我的脚一直在向更荒远处挪移。无论去野地收麦还是进沙漠拉柴火，路在我的印象中总是越走越窄小、越走越模糊，最后彻底消失在荒野。

从村里伸出的每一条路，都几乎被我走到头。去河湾瓜地的路走到地头的瓜棚为止（还有一条秘密的偷瓜人的小路，穿过河东岸的红柳丛，穿过河心、河边的芦苇，一直通到月光下泛着白光的一颗大西瓜旁）。到南梁坡的路却一过沙沟便分叉了，向东两条车辘辘印夹一行牛蹄印，朝南一条窄的羊和骑马人走出的小路，都走不了多远便消失了。

越往前走，这样的岔路就越多，到最后部分不清哪条是主道了，仿佛一根拧紧的细麻绳逐渐地松散成一丝一缕。

人的路到头了剩下窄窄的野羊和兔子的路、老鼠和蚂蚁的路、长虫和蝎子的路……朝荒远处延伸下去。人沿着这些动物的路再往前走，走久了又成了人的路。在这些印有车辙和脚印的远路上，也印着许多野生动物的蹄印和爪印。它们也常常沿人的宽敞大路走进村子，找草和粮食吃，找水喝。当然大多在夜里。夜让人这种动物睡着。这多好。

在荒野上，许多动物走同一条路。从村里出去的羊，会沿着野羊和野兔的路觅草吃。

狼也走野兔的路。狐狸也走野兔的路。

连一些大动物，像牛马骆驼，没路了也会踏上兔子的窄细小路。

除了兔子和野羊，会一蹄一爪地踩出自己的小路（有时它们也走一条路），很少有其他动物亲自踩一条路走，它们借路走。尽管兔子的小路容不下那些大动物的一只蹄子，但它们还要硬踩上去。走到最后都说不清路是谁的。但从地上的粪便可以看出，许多动物都在路上，谁也没有离去。

荒野上的道路从来不会拥挤。

野兔遇到羊会擦身过去。狐狸遇到狼远远避开。野兔遇到狼或狐狸就没命了。一只家羊遇到一只野羊，会站下来相望好一阵，各叫两声，可能语言已经不通；也可能会说一阵话。

家羊说：再别跑了，跟我到羊圈里去吧。到处是人，你往哪儿跑呀。

野羊说：跟我跑吧，趁现在没人，能跑多远跑多远，总不能等着挨刀子。

人什么都不会遇到。人一上路野生动物便全没影了，连狼都不见了。

在村里的好多年里，我几乎沿每一条细细小小的路行走过。

顺着兔子的小路我曾走到一片密不透风的刺草丛。我蹲下身，看着兔子的路在那些密密的刺草根下绕来绕去。我想，我要再小一点，早几年走到这里，我就会从那些刺草根下钻过去，一直地走到兔子家里。我再小一点的时候在干什么呢？我知道人一长大，有些地方便永远去不了了。就像我父亲说的，长到狗那么大，你就再进不了兔子的洞穴了。

我还沿老鼠和蚂蚁的小路到过它们小小的家里。老鼠一见人来就钻进洞，土堆上剩下几个牛眼睛大的洞口，惊慌地望着人。

我从麦地边跟踪到这里。老鼠偷光了我们家半亩地的麦子，父亲让我查查老鼠洞在哪里，这很容易，尽管老鼠在地边挖了两个假洞，洞口塞了几个麦穗迷惑人。尽管老鼠把藏粮食的真洞藏在离麦地二百多米的一墩灰蒿底下，但它留下了路。那些老鼠一粒一粒往洞中搬运粮食时，在看似隐蔽的草丛中踩出了一条光溜溜的路。老鼠完全可以用草叶把这条路盖住，那样我就很难找到了。

看来这窝老鼠中没有一个像我这样聪明会想事情的。我趴在老鼠洞口望了一阵，拿一根小木棍捅了两下。我知道我们家半亩地的麦子全在这里面了。

　　我却没有把找到的这个洞告诉父亲。不知为什么，我隐瞒了它。或许我一直喜欢着老鼠和蚂蚁洞穴中的那种生活。有多少次我蹲在蚂蚁洞口（蚂蚁比老鼠沉稳多了，见了人一点不慌，就跟没看见似的，该干啥依然干啥），我看着那些小蚂蚁排成一队，忙忙碌碌的样子，就想着我能再变小一些，再小一些，悄悄地混进蚂蚁的队伍里，跟它们一起跑、一起干活。它们会不会认出我？肯定会的。我身上有人的气味，太难闻了。蚂蚁会赶我走、会吃掉我吗？不过我会解释：我就是住在你们洞穴上面这幢房子的人，我们是邻居。你们常在我的家里走来走去，也让我在你们中间过段日子吧。就过半年。三个月。过到地里的活忙完。再过一个冬天。

　　不知道蚂蚁懂不懂得三个月这样漫长的时间。三个月，正好一个村庄的寂寞冬天。一个人的寂寞还要再长一点，长到下一个冬天，下下一个冬天。我们围着火炉，把所有的话说完，今年明年的话都说完。柴火烧完。火炭慢慢变成灰烬。剩下一点点瞌睡。眼睛睁开闭着，都一样的情景。没有几个梦。睡着醒着，都一样寂寞。

　　每当这时，我就想着墙根脚下那几个蚂蚁和老鼠的幽深洞穴里，它们正举行着怎样的欢宴，过着怎样快乐的生活。它们知不知道一个想像中的人，一直悄悄地混在它们中间，一年一年地，把村庄里的事情放在一边。

　　有时我觉得，我比一只忙碌的蚂蚁更清楚它的黑暗洞穴里的每个细节，更熟悉那些小米粒般的卵什么时候又要变成小蚂蚁，那点一小把就能抓光的过冬的粮食藏在哪个底层的洞窟里。但我永远都不知道它的快乐。我为自己永远都过不上一只小蚂蚁的短暂生活而悲哀着。

　　我只能这样度过人的一辈子。

　　缓慢地、别无选择地、一年又一年地，活到韩老大那样牙脱落光、腰直不起来，活到冯三那样眼睛瞎掉，张富贵那样再走不动路、半身残废……

　　我几乎沿每一条分叉的道路行走过。在每条路的尽头，我都看见我认识的、生活到头的那一些人。他们在荒草中等着我。他们早就在那里了，我还用一生时间在走向他。

　　我做功课一般演算着每个人的一生。把每一条去向不同的路运算到头——在一片荒草虚尘中返身回来。我想找到一条没有尽头的路。

在村里的许多年，我都怀着这样的想像：每天一早出去砍柴拉草的牛车马车中，会有一辆独自地穿过荒野，去了我不知道的遥远处，再不回来。

可是，每个下午，当他们吆喝着牲口，一个接一个地满载而归时，我心中的失望和悲凉就像一辆永远的空马车，走在另一条他们看不见的荒野上。

那时候我们很少到外面去。

我们和我们村的牲口们，把走向外面的路撂荒了。

一年顶多有两个人去一趟县城。

我们想像通往县城的路上长满荒草，深深浅浅的坑洼里汪着水。

我们的生活停留在沙梁下面，像一粒风再刮不动的尘土。我们只是顺着日子一天天过下去。这和别处的生活没什么不同。从今天到明天再到后天的路是通的，天底下一样的。

只是我们的生活在这个小村庄里停住了。他们在时间里随波逐流的时候，我们靠岸了，停留在这里。我们的土墙一动不动保持着褐黄，房前屋后的树，用耐心迟缓的生长等候我们，鸟旋在天空，它翅膀下面的村子像多少年前的一个梦，一点不变地静摆在那里。

能够停下来是我们今生今世的最大幸福。

树木长粗，我们动手盖房子。树木忍不住已经长粗，树干结满疙瘩，直树变歪，歪树伸直，都快成朽木了，我们还没动手的意思。

我们的牛，一年年地停在一块地里。庄稼在老地方长出，又在原地被那把旧镰刀收割。多少年了你还是这个倔脾气，我还是这副慢性子。谁也不改变谁。我们知道一生的路怎样走到头，从家门，到羊圈、到一块地里，再回来，一天就这样过去了。

一生也可以这样过去啊。

这有什么不好啊。

后来还是村子外面的人，把路修到我们村里。他们想走到这个村庄，就把路铺过来了。那时我们不知道这个荒僻村落，曾是多少人梦想到达的远地。就像我们曾把他们居住城市当作一生的向往。结果都不是。

路快修到我们村时，他们想让村里出些劳力，一块帮着修。

这是你们的事情，他们说——我们把路从那么远的地方修来了，都要修

到你们脚底下了，你们也该动动手了吧。

才不是呢，我们村的人说。我们去挖野滩里的柴火时，不会像你们一样给柴火说，这是你们的事情，你们先把路修好，让我们的车和斧头顺顺当当走到那里。

只有没脑子的老鼠会留一条光溜溜的路，通到家门口，让人扛着锨一直走到跟前。

可是，我们也没有办法让外面的人和外面的世界一步步地走到跟前。

我们村边的野生动物们，却会向更荒远处逃离，留下它们再不会回来的弯曲小路。但也不会逃到多远。我们放羊时，已经和荒野沙漠那边赶来的羊群迎面而遇。两群从没见过面的羊头对头相望一阵，叫几声，不知相互能否听懂。赶羊人站在各自的羊群后面，远远望几眼，像两种动物一样陌生。

（刘亮程）

充满青枝绿叶的一个日子

当沙土即将把骆驼骨架掩埋了时，它仍然袒露着一汪清水，这是茫茫沙海里的一泓清泉。

我怀念一峰死去的骆驼，完全是因为那眼泉。

世间的许多事总是让人觉着奇特，你不信也得信。两件截然相悖的事却和谐而优美地相处在一起；有时你想得到很多很重很金贵，反而连怀里的最小最轻最便宜也失去了；最幸福的时刻也会变得最痛苦……

诸如此类。这里面蕴含着极高的美学价值，也有丰富的哲学思辨。

沙漠里那个干渴得焦灼彷徨的午后，肯定是我生命历程中充满青枝绿叶的一个日子。太阳喷毒，沙粒冒火。我们三个旅游者眼看就剩下栽倒在地上的最后一丝力气了。水！水！我们最需要水。

我们议论起了骆驼。这是迫不得已的事，也是情理之中的事。完全可以想像得出，骆驼成为我们的话题，是"望梅解渴"的需要。

由于我们三人的职业不同，每个人对骆驼的描述就出现了极大的差异。我，一个作家；她是个医生；他则是当地的一位藏民向导洛桑多吉。

我："诗人称骆驼是颠不翻的沙漠之舟，这会儿如能有舟来送水最惬意不过了！"

医生："我们的医学应当认真地研究一个课题，把骆驼的五脏六腑给人进行移植、嫁接，人具备了骆驼般的强壮身体，征服沙漠就有了本钱。"

洛桑多吉："不必五脏六腑了，只需要一个水囊就足够了。骆驼就是靠水囊里贮存的水在沙漠里行走数十日也不会渴死。"

水囊？实在很有意思的话题。干渴中的我一听到它心里就泛起了滋润。我对向导说：

"请你详细谈谈水囊，我很有兴趣了解这里面的奥秘。"

我是想来点精神解渴。这并不是没有办法的办法，什么时候、任何场合都可以学到知识。

洛桑多吉说："其实我也不懂，是听阿爸他们说的。骆驼的身体是一座'水库'。它一次能喝一百斤水，装进水囊里，它肌体内能贮水，血球内也能贮水。它的驼峰突起时，能装下五十斤左右的脂肪，这些脂肪经过氧化还可以生成水。最奇特的是，骆驼在缺水时很少排尿，能利用肝脏把尿素反复循环。骆驼的呼吸次数少，很少蒸发水分，这样就节约了水分消耗。骆驼本身就是一个大水囊。"

真没想到，骆驼身上有这么多水。

不过，眼下我们还是缺水！缺水！

我们三人是到沙漠中间"探险"的。据说那儿有一个沙狐洞，数百只狐狸在那个"世外桃源"肆无忌惮地活动着。现在的问题是，我们很可能到不了沙狐洞就因为干渴而随时止步了。

转机发生在我们即将失去继续跋涉下去的信心而准备返回的时候。如前所说，我们看到了那峰死骆驼。

　　它已经死去不知多久了，皮肉全无，只剩下赤条条的骨骼冰冷地散落在沙地上。每根骨头的位置一点也没有变，原模原样，所以它仍然是一个活脱脱的骆驼的模型。那山峰样的驼背，那细细长长的四腿，那仿佛冲天呼叫的半张开的嘴……残留的完整骨架。只是骨架上蒙了一层不算薄的沙土，你如不细看还会当成刻在沙地上的一件雕刻作品呢！最有意思的是，在骆驼骨骼的腹部位置，蓬勃着一棵草。那草的颜色像我们常见的骆驼草一样，灰白色中透着铁绿，苍劲而壮美，一看就会想到它的生命力极旺盛。

　　洛桑多吉满脸喜色地小心翼翼地扒开小草根部的沙土，于是，很清晰的露出了一个小碗状的看似木器的东西，那草就在它中央。他像得到了一件宝物似的指着那碗状物说：

　　"这就是水囊！骆驼死后贮存在里面的水在一个月内甚至更长时间都不会干枯。"

　　"为什么？"我问。

　　"骆驼死了，但它身体内其他部位的水分还不断注入到水囊，使囊内的水有增无减。"

　　"这草是怎么长出来的呢？"医生问。

　　洛桑多吉讲了这里面的原委——

　　也许这峰骆驼死后已经一个月了，或者更长的时间，水囊里的水还没有干。令人奇怪的是原来混沌的水越来越清澈了。清亮清亮的水，白天映着太阳，夜晚映着月亮。当沙土即将把骆驼骨架掩埋了时，它仍然袒露着一汪清水，这是茫茫沙海里的一泓清泉。没人来问津，它并不寂寞，因为偶尔飞越沙漠的小鸟知道水的珍贵，并不多饮，只是润润喉头，又远飞而去了。有一天，也许是鸟儿归巢的黄昏，一只小生灵在喝水时，不经意间将衔在嘴里的一粒种子掉到了水囊中。最终沙土把小泉掩埋了。于是，便有了这棵奇特的小草。

　　我看着这碗状的水囊以及长在里面的草，心头涌满滋润与喜悦。一路的干渴、疲劳消失殆尽。洛桑多吉告诉我，这小草的寿命不会长久，因为水囊中的水以及养分是有限的。还有，也许有一天来了一只骆驼会把它连根掘掉填进肚里充饥。尽管如此，我仍然觉得它会永久地活着，因而钟情它，珍爱它。

我问洛桑多吉，这草叫什么名字。他说，他也说不上来，反正不是骆驼草。就叫无名草吧，高原上多的是无名草。

肯定会有人为这棵美丽而顽强却是短命的无名草的命运叹息。我却认为，大可不必。任何一种生命包括百花百草在内，没有长生不老的。百日凋谢与十天凋谢只是个时间长短的问题，并不能反映生命的质量。无名小草在千年荒芜干枯的沙漠蓬勃起了生命，带来绿色，使偌大的荒原以及跋涉者都得到了激励，涌动起对生活的信心，它的生命哪怕是一闪而过，也是辉煌的。

不死的无名草。

（王宗仁）

爱心如阳光

"孩子，不要抱怨什么，以前你总是在享受着爱，现在，你应该学会爱，你会发现，其实你拥有一份多么幸福的工作，拥有一群多么可爱的学生。"

初为人师，我正好十八岁。

在毕业离校等待分配的日子里，我热情地向往和憧憬着新的生活。一纸报到书，将我分配到一所离家几十里的乡村小学。

报到那天，下起了大雨。我和爸爸深一脚、浅一脚地踩在乡间泥泞的小道上，当我拖着满是黄泥的双脚找到学校，站在学校门前时，我木然了。这就是我要工作的地方吗？两栋低矮的教室因整个假期无人看管而显得那样陈旧，教室前老高的杂草在雨中倒是青得逼眼，一头老黄牛在大雨中居然能安闲地吃草，显得那样别有情趣。

　　学校实行包班制，我被安排教一年级。开学四五天了，我的学生才陆陆续续地来了十几个。其中最大的 11 岁、最小的才 4 岁。村子里过了启蒙年龄以及到了启蒙年龄的大大小小的孩子都坐到了我的教室里。看着这些脸蛋黑黑、挂着鼻涕、光着脚丫的孩子，我突然间觉得我的梦其实是如此简单。接下来的日子，我忙得一塌糊涂，我必须备好、上好一星期的二十多节课。课余，我还得悉心留意每一个孩子，提醒他们不要忘了上厕所，因为说不准课堂上你正讲得津津有味时，孩子们的课桌下就会传来异味。我这个一直生活在阳光下的乖乖女，第一次感到了生活的无奈和艰难。

　　终于盼来了工作后的第一个休息日，我迫不及待地往家赶，回到家，我把一周以来的种种不如意的事情全倾诉了出来。一向最疼我的老外婆静静听完我的话，对我说："孩子，不要抱怨什么，以前你总是在享受着爱，现在，你应该学会爱，学会用一颗父母心去爱你的学生，如果你这样做了，你会发现，其实你拥有一份多么幸福的工作，拥有一群多么可爱的学生。"听了老外婆的话，我似懂非懂，若有所悟地想了很久……

　　回到学校，我便开始尝试着用心接触我的学生。课堂上，我会像孩子一样做一些可爱而天真的形象，直觉地启发孩子们学习；讲一些新鲜、生动的故事，引导孩子们想象；编一些有趣的朗朗上口的歌儿，帮助孩子们记忆；课余，我会替他们擦干鼻涕，帮他们修剪指甲，有时还会带他们做老鹰捉小鸡的游戏。

　　渐渐地我和学生们的关系越来越亲密、融洽。我的讲桌上，时不时会有几个新鲜的桔子、几粒瓜籽、或是几颗姜糖。每当这时，一丝温暖的阳光便洒在我的脸庞上，我便从这种无限的满足中领悟到了老外婆话语中的真谛。

　　一天课余，我坐在风琴旁边弹边唱，身边围满了跟着我学唱的孩子们。突然，一个孩子将一张漂亮的小卡片放到我面前，说："老师，你和上面的小燕子一样漂亮"，听了小家伙天真的话语，我不由开心地笑了，孩子们也都笑了。窗外，一束阳光射了进来，温暖着每一张笑脸。

　　噢，爱心如阳光！

（杨琳）

发上之花

到那天，我才懂得了那位年轻女士插入发间的花儿是她的爱的感情流露——一条对她来说能够把她同她年少时便已去世的母亲联系在一起的途径。

她总是在她的发际上插一枝花。多数情况下，我会感觉它看上去有些别扭。白天戴着花，去上班？去开专业会议？在我所工作的庞大而忙碌的事务所里，她其实是一位很有抱负的女性。但不知为什么，她每天都要用一种极时髦的弯曲头饰在她那齐肩的长发上佩戴一枝花。通常情况下，她是用不同颜色的花儿来同她不同款式的衣着进行搭配的，在浅黑色波浪的背景下，插上一枝盛开的花儿，像一把色彩鲜艳的小阳伞。有好几次，好像是在公司的圣诞节晚会上，她发际间的插花之处增添了少许欢乐的气息，而且看上去非常得体。但是，如果在工作时间，花儿看上去就显得有些不合时宜。有好些"事业型"的女性几乎对她的这一举止表示愤慨，并认为应有人把她带到一边去告诉她某些在商业界中需要认真对待的"条例"。包括我在内的我们中间的另外一些人，则认为这只不过是一种怪癖，并在背地里叫她"花仙"或者"女儿花"。

"'花仙'把那份关于华尔街个案计划的初步图样完成了没有？"我们中的一个会这样问另一个，脸上带着一丝讪笑。

"当然，结果挺不错——她的工作果真'开花'了。"也许是这样的回答，而后面带一种在与别人分享快乐之后以恩人自居的笑容。我们认为我们的嘲讽在当时是很单纯而无害的。据我所知，没有人去问过那位年轻的女士为什么她每天都要头上戴着花儿来上班。事实上，假如在她出现时头上没有了花。我们反而可能会去问她的。

有一天，她真的这样做了。当她把一份设计方案送到我的办公室里来的时候，我问了她。"我注意到今天你的发际间没有了花，"我无意地说，"我已经习惯了每天都看到你戴着它了，以至于现在好像有一种茫然若失的感觉。"

"嗯，是的。"用一种低沉的语调，她温和地回答，这同她往日倩丽活泼的性情完全不相符。在一段沉默之后，好奇心促使我又问："你好吗？"虽然我是期待着一个"是的，我很好"这样的答复，但在直觉上，我知道我已经在开始谈论一件比仅仅是失去了花儿要重要得多的事情。

"嗯。"她柔声说，脸上充满了一种回忆与伤心的表情。"今天是我母亲去世的周年纪念日，我很怀念她，我猜我一定是有些情绪低落。"

"我理解你。"我说，感觉到有些同情她，但同时又不想渗入更多的感情成分。"我想，你一定很不愿谈论这件事，"我继续说。我的工作责任感希望她能够就此而止，但心里明白我们的谈话才刚刚开始。

"不，一切还好，确实。我知道我今天格外敏感。这是令人伤心的一天，我想。你瞧……"她开始向我讲述她的在事。

"我的母亲知道她正在被癌症夺去生命。最后，她去世了。我当时才 15 岁，我们非常亲密。她是如此的可爱，如此的体贴别人。因为她知道自己将要不久于人世了，于是就录制了一盘生日祝词，让我每年过生日之时去观看。从我 16 岁一直到 26 岁。今天是我 25 岁的生日。早晨，我看了她为我的今天所预备的录像带。我想我依然在回味着它，我希望她还活着。"

"唉，我很同情你。"我说，感觉自己的情绪也受了她的感染。

"谢谢你的好意，"她说："噢，你刚才问到了那失去的花儿。当我还是个小姑娘的时候，我的母亲就经常在自己的发间插一枝花儿。在她住院之后，我有一天从她的花园里给她带去了一枝漂亮的大玫瑰。我拿着花把它放在母亲的鼻子上，好让她可以闻到它。她把花儿接了过去，一句话也没有说。然后，拉我到她的身边，抚摩着我的头发。花儿从我的脸旁掠过，她把它插入到我的发际。如同当我年幼时她自己曾做过的那样。正是在那一天的晚些时间，她去世了。"她继续往下说，已是热泪盈眶。"从此以后，我就总是在发间戴着一枝花——它使我感觉母亲还依旧陪在我的身边，就算是灵魂，但，"

她叹了一口气，"今天，当我看那为我的这个生日所制作的电视录像时，她在其中说她很抱歉不能在我长大之后陪在我身边，她希望自己曾是一个好家长，她希望在我生活可以自给自足时能给她一个标志。这就是我母亲所想的——她所说的。"她注视着我，依然沉浸在记忆之中，竟天真地笑了。"她是如此的精明。"

我点了点头，赞同着："是的，听起来她是很精明。"

"这样，我就想，一个标志，那能是什么呢？看起来花儿不得不离开我了。但我会想念它的，它能象征什么呢?"

她继续往下说，红褐色的眼睛里充满了对往日的回忆。"曾拥有她我是多么的幸运。"她的声音逐渐变小了。她的目光同我的目光再次相遇，她凄婉地笑了一下。"但我不是一定要带着花儿才能回想起往事，我的确也懂得这个。它是我的珍贵记忆里的一个明显的标志。这些记忆依旧会在脑海里，即使花儿已不存在了……但仍然，我会想念它的……噢，这是那份设计图案，我希望它能得到您的赞同。"她把那个早已准备好了的整洁的文件夹递给了我，在她的名字下面，用一个手画的花儿。她的商业标记，作了记号。

当我年轻时，我记得听到过这样的一段话，"不要对别人妄下断语，直到你已在他的鞋内走过了一里路之后。"我思考着过去每一次对这位头上戴着花儿的年轻的女士，非常冷淡时候时的情景，以及我自己在缺乏信息，不知道这位年轻女士的命运和所背负的十字架的情况下，竟那样做了该是怎样的悲哀。我自诩自己懂得我们公司里的每一个复杂的平面，而且精确地知道每一个环节是怎样地在对下面的环节起作用。我该是怎样的悲哀呀，过去还曾信奉了这样一种观点，那就是一个人的情感同他的事业应该是截然分开的，并且应该在走入集体生活的大门时把它们抛开。直到那天，我才懂得了那位年轻女士插入发间的花儿是她的爱的感情流露———条对她来说能够把她同她年少时便已去世的母亲联系在一起的途径。

我翻阅了一遍她所完成的设计图样，深切地感到它是为了感觉……关于人而被一个具有相当深度和广度的人处理过的。难怪她的工作一贯优秀。她每日生活在自己的内心世界当中，并使我重新去警醒自身。

（贝蒂·杨斯）

阳光照得最多的地方

尤其是冬天，阳光照得最多的地方，窝聚的老人们也最多。冬天里，阳光以一种最温暖、最明亮的姿态涂抹大地。

那是一块阳光照得最多的地方。冬天，父亲还坐在那里。低矮的屋檐，背后是红砖土墙。黑灰色的瓦片垂着耳朵，仿佛倾听着什么。父亲通常一个人不会说什么，只是静静地沐浴着阳光、取暖。像温顺的臣民承受浩荡的皇恩。我每次回家首先要打量的就是那个地方。喊一声父亲，父亲脸上立刻阳光灿烂，笑容如绽放在枝叶里的花朵般颤动。

一个人是会老的。皱纹宛如屋檐上生满绿锈的青苔，上面摇曳着荒草。老人头发花白，牙齿脱落，身边斜靠着一根锃亮的竹拐杖。那样子像是一部接近尾声的黑白电影里的旧镜头。阳光不老，新鲜的光束里尽情跳跃着生命的尘埃。但父亲不见了。如今，阳光照得最多的地方空落落的，如我空落落的心。泪水爬出我的眼帘，阳光使它格外的晶莹，如针芒般的阳光深深刺伤着我，痉挛。阳光无影无踪地裹走了父亲，又依然照亮那里，如泻地的一摊水银，成为我面前不会消逝的最坚硬的事物之一。

"来！晒晒太阳！"在乡村，尤其是冬天，阳光照得最多的地方，窝聚的老人们也最多。冬天里，阳光以一种最温暖、最明亮的姿态涂抹大地。树上尚没有凋零的叶片，通体金黄，兴奋得直打哆嗦。地上，一条狗蜷缩在阳光的被窝里，懒洋洋地，像是一只泄了气的皮球或是让太阳烤干的牛粪。老人们开始在阳光里打捞着明灭的往事，交头接耳：谁家的猪养得最肥，谁家今年的收成很好，谁家闺女腊月里要出嫁，谁家的小子又有出息啦！……他们大口大口饱食着阳光的盛宴，咀嚼阳光，毕毕剥剥，满嘴流油。通常，他们都以为这儿是离太阳最近的地方，是人间的天堂。他们的笑声、叹息声、诉说声像是无数把叮当当的小榔锤，把阳光敲成了金子般的碎片，然后乐呵呵地掖在怀里俨然一个个财主佬。直到起身离开时，还夸张似的拍打着屁股上的灰尘。即便有贫穷的跳蚤，在阳光下也被驱赶得一干二净。

我想父亲，包括一些老人们，在他们人生的暮年喜欢坐在阳光照得最多的地方，在阳光底下的倾诉，肯定隐藏着某种心灵上的秘密：一定是额头皱纹里隐逸着的生命的苦涩需要阳光的抚慰；内心经历太多，那阳光照耀不到的地方或许往事已经堆积得发霉，必须在阳光下曝晒一番；抑或身上流动缓慢的血液必须与阳光勾兑与打通，才会使他们更加舒展、坦荡、明媚。也可能他们想得更远，无边无际的黑正在向他们涌来，他们得赶紧拾掇起一些太阳的金枝，燃烧生命……因为，不仅一颗晦涩的心需要阳光的照耀；一颗纯净的心，也同样需要阳光的映照。最后，阳光收拾走了许多谜底，如父亲肉体生命的消逝正如阳光的消逝一样。只是父亲永远不会知道，他的那块被阳光照得最多的地方，会成为他亲人们心中最大的疼痛——有几回，我发觉与我一道回家的儿子，眼睛朝那地方也怔怔地发愣。以前，他可是撒欢般地蹦跳着双脚扑向那里的。

"为了看看阳光，我来到世上。"这是一位俄罗斯诗人的诗句。写这诗的巴尔蒙特这时仿佛就像一个婴儿，在春天里降生时一睁眼，就看到了温煦的阳光。他身上泛着金黄的绒毛。的确，阳光可以渗透所有的语言，但无法谛听；阳光像一块黄金可以让人贪婪地攫取，但却无法永远占有；阳光像一朵鲜艳的花朵，却无法为一个人永远开放。剩下的你只有看看的份了！阳光照耀的日子，生活明净得一览无余，纤毫毕现；阳光进入土地所有事物的内部，使其发酵、膨胀、疯狂和生长。这些人们都可以看到，因此也体会出阳光本身充满的慈祥、温暖、仁爱和平静——果然，在阳光照得最多的地方，又少了一张熟悉的面孔，又多了一张陌生而嘶哑的喉咙。那陌生的嘴角牵动乡村的最后一缕阳光，仿佛是在向阳光作着诀别。我想，一个阳光铺就的舞台，父亲和他的乡亲裁剪着一块阳光的绸缎，然后紧紧地包裹住自己，就幸福地睡去了。

但丁说："我曾去过那受光最多的地方，看到了回到人间的人无法也无力重述的事物。"（《神曲·天堂》）仅仅默念着这一句，我的心绪在阳光下就显得一派苍茫。

（徐迅）

在一叶花瓣上细数阳光

面对别人的误解和非议，面对生活的烦恼和忧伤，我们何不也把它当作一份礼物呢？只要轻轻说一声拒绝，你就会换来一份好心情，神清气爽，天地无碍。

一

有一个人为了生活，想砍一棵够大的树换够多的钱。他来到森林里，终于发现理想的目标。他满心欢喜地用三天工夫砍倒了这棵树，最后却发现，自己根本就带不走它。树太大了。

如果他砍一棵较小的树，也许早就扛走了，用卖树的钱买了粮食，正与家人围坐在饭桌前谈天，在欢笑里等待饭熟。

这个人心很大，却忘了自己的力量很小。于是悲剧产生了。

许多人都在瞪大眼睛寻找财富，他们贪婪地想把世界上每一样美好的东西都搂进自己的怀里，不料辛辛苦苦忙碌了好一阵子，到头来却两手空空。

真正有智慧的人，懂得收敛内心的欲望，只选择自己够得着的果子去采摘，而不会把目标定得太高、太远、太大。

可惜的是，生活中有太多的人，经常把自己的小聪明当成智慧。

二

我有一个朋友，总喜欢跟人诉说自己的不幸：高考落榜，爱情不如意，就业压力大……挫折屡屡不断，似乎活着对他已是一种负累。

一天，他颇有感触地对我说："哎，我什么时候能过上一种风平浪静的生活呢？"

我笑着说，除非你死了。

朋友一怔。于是我给他讲起古希腊的一个经典故事。有人问古希腊智者阿那哈斯："你说，什么样的船最安全？"阿那哈斯说："那些离开了大海的船最安全。"

说得多好！

人活在世上，就像船行于海中。遭遇风浪，饱尝奔波，乃是人生的常态，谁都无法拒绝。生命的意义在于经历，成功也罢，失败也罢，正是一串串真实的脚印，最终汇成了我们每个人或长或短的一生。

离开了大海的船最安全，然而，船一旦离开了大海，也就失去了存在的意义。

三

一位禅师在旅途中碰到一个不喜欢他的人。连续好几天，好长一段路，那人一直用尽各种方法侮辱他。

最后，禅师转身问那人："假如有人送你一份礼物，但你拒绝接受，那么这份礼物属于谁呢？"

那人回答："当然属于原本送礼的那个人。"禅师颔首道："没错。对于这些天来您送给我的礼物，我一概拒绝接受。"

说完这话，禅师微微一笑，转身走了。

而那人却楞在原地，好半天也没回过神儿来。

朝天上吐唾沫的人，最终弄脏的，往往是自己的脸。

面对别人的误解和非议，面对生活的烦恼和忧伤，我们何不也把它当作一份礼物呢？只要轻轻说一声拒绝，你就会换来一份好心情，神清气爽，天地无碍。

四

一位教师，教的是一群患有先天性残疾的孩子。

一次，她讲到"幸福"这个词的时候，忽然顿住了，因为，她不知道该怎样向这些不幸的孩子们诠释这个美好的字眼儿，从小到大，他们似乎根本就没有过关于幸福的体验。

后来，这位聪明的教师将孩子们分成面对面的两组，一组是失明的孩子，一组是聋哑的孩子。在她的引导下，失明的孩子说，最期盼的事是见到阳光；聋哑的孩子打手语说，最渴望的事是听到声音。通过她的传递，两组孩子互换了答案，于是，孩子们终于知道了什么叫"幸福"。

我想，这位教师简直就是一位伟大的天使！而这群孩子也是幸运的，他们在天使的指引下，真切地体悟到了人生中最宝贵的真谛———幸福其实并不遥远，它既在你的对面，也在你的身边。而最重要的一点是：每个人都有自己的幸福！

（田野）

偶尔可以牵着蜗牛散步

停的时候，是为的欣赏人生，在欧洲阿尔卑斯山中，一条风景很美的大道上，挂着一个标语，写着：慢慢走，请注意欣赏！

有个人讲了一个笑话：上帝给我一个任务，叫我牵着一只蜗牛去散步。我不能走得太快，蜗牛已经尽力爬，但每次总是挪那么一点点。我催它，我唬它，我责备它，蜗牛用抱歉的眼光看着我，仿佛说："人宏观世界已经尽了全力！"我拉它，我扯它，我甚至想踢它，蜗牛受了伤，它流着汗，喘着气，往前爬。真奇怪，为什么上帝叫我牵一只蜗牛去散步？"上帝啊！为什么？"天上一片安静。好吧！松手吧！反正上帝不管了，我还管什么？任蜗牛往前爬，我在后面生闷气。咦？我闻到花香，原来这边有个花园。我感到微风吹来，原来夜里的风是这样温柔。慢着！我听到鸟声，我听到虫鸣，我看到满期天的星斗多亮丽。咦？以前怎么没有这些体会？我忽然想起来，莫非是我弄错了！原来上帝叫蜗牛牵我去散步。

你找到你的蜗牛了吗？偶尔出去散散步吧！

停的时候，是为的欣赏人生，在欧洲阿尔卑斯山中，一条风景很美的大道上，挂着一个标语，写着：慢慢走，请注意欣赏！

有个好莱坞的歌手，曾经说了一些很感慨的话。他说："当年我年轻的时候，急急爬到山顶上，就像参加赛跑的马，戴着眼罩拼命在旦夕往前跑，除了终点的白线之外，什么都看不见。我的祖母看见我这样忙，很担心地说：'孩子，别走得太快，否则你会错过路上的好风景！'"

"我根本不听她的话，心想：一个人，既然知道要怎么走，为什么要停下来浪费时间呢？"

"我继续往前跑，一年年过去了，我有了地位，也有了名誉和财富及一个我深爱的家庭。可是，我并不像别人那样快乐，我不明白我做错了什么？"

这位歌王继续说："有一次歌舞团在城外表演，我是主角，当表演完了，观众的掌声久久不停。这次表演很成功，我们都很高兴。可是这时候，有人递给我一份电报，是我妻子发来的，因为我们的第四个孩子出生了。突然，我觉得很难过，每一个孩子的出生，我都不在家，我的妻子独自承担着养育孩子的辛苦。"

"我想起祖母对我说的话——的确，我和我的朋友也疏远了，我好久没去摸书本，或者看看花园里的树木，我曾经答应和妻子一起去度假，总因为忙碌而取消了。"

有哲学家说："单凭思想面不劳动，当然不能生活，但一生像机器一样不停地转，那更加没有意义。"

我们不必把每天的时间安排得紧紧的，总要留下一点空间，来欣赏一下四周的好风景。如何做一做自己的主人，这才是重要的事。

我们想走的时候就走，想停的时候就停，随心所欲地去发现乐趣和值得珍惜的东西。

既然机会来到这个多彩多姿的世界就应该像一个旅行家，不仅要跋山涉水，走完我们的旅程，更要懂得欣赏流连。

走的时候，是为了另一个境界；停的时候，是为了欣赏人生。

（佚名）

在我成长的日子里

当我疾步向她奔去时，我那曾有过的窘态消失了，相反，我开始领略到一种崇高的、美好的情感。

这事儿听起来会让人感到奇怪：有一度我曾经非常嫌弃自己的母亲。那是我童年时期，我把母亲耳聋作为嫌弃她的理由，至今想来，仍为自己感到羞耻。

当母亲还是个小姑娘的时候，就遭到耳病的袭击。医生们对此一筹莫展。尽管他们竭尽全力为她治疗，但都无济于事。

在我上小学时，我们全家住在乡村的一间用汽车拖着的、红白相间的活动房子里，它停置在一片绿草覆盖的山坡上。我的家和睦、融洽，充满了幸福和爱。然而，就在那时，我开始感觉到我的母亲不同于别的母亲，这是因为她的耳聋和轻微的口吃常常弄得我很尴尬。我不再邀请我的朋友来家里做客，也避免在公共场合与母亲呆在一起。她发现我身上这些奇怪的举止，却并没有计较，照样疼爱着我。

然而，一件偶然发生的事彻底地改变了我那愚蠢的行为。

那天，我跟母亲去买东西，就像以往我们一起去超级市场那样：等母亲去取手推车，开始采购时，我就走向存放杂志的书架。这样做与其说是翻翻杂志，消磨时间，倒不如说是不愿意围着她转。她的嗓门往往会逐渐提高，招致一些不必要的麻烦。一想到和她呆在一起就使我感到恐慌，因为我不愿意让人晓得她就是我的母亲。

过了大约一小时，终于看见她推着装满食品的手推车向付账台走去，我如释重负，轻松地倚在书架上，心想不会再遇到什么难堪的场面了。但是，正当出纳员把付款总额记入现金记录簿时，母亲突然发现钱包不见了，她顿时目瞪口呆，随即扯起嗓门大声叫嚷起来。人们转身侧目，怀疑她是否疯了，还是怎么回事儿。我的脸变得苍白，一动不动地站着，唯恐她会喊我过去。

母亲十分伤心，独自绝望地站在人们面前，她一边环顾四周，一边尖声地询问有谁看见了她的小钱包，可没有一个人回答她。她终于抑制不住自己的感情而放声大哭起来。我躲在书架后面一声不吭，并焦急地去寻找一条离开这家商店的出路，但无路可走。

突然，我听到她呼叫我的名字，我想逃掉或者躲藏起来，可身子一点也不听使唤，只是心乱如麻，浑身燥热，犹如一个傻子似的僵立着。等我慢慢地转身瞥去一眼，发现母亲正发狂地在人堆中寻找自己的钱包，而且哭声一阵高过一阵，号啕不止。

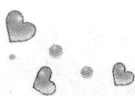

有个人试图使母亲安静下来，可她只是尖声喊叫，肯定有人偷走了她的钱包，那个人反复询问母亲，究竟出了什么事儿。她不停地说："钱包丢了，钱包丢了。"但是，那人根本听不明白她说的话。

一瞬间，我的心里突然充满了对母亲的无限同情。的确，我有点搞不清自己感情上究竟起了什么样的波动，但我终于意识到：此刻我有多么冷酷，多么自私，认识到必须改变长期以来我对她的那种错误态度。我伸出双臂向她奔去，要以我的行动来证明我真心爱她，而且要保护她，帮助她。

当我疾步向她奔去时，我那曾有过的窘态消失了，相反，我开始领略到一种崇高的、美好的情感。在爱的臂膀中拥抱着的正是生我、养我的母亲，她培养我成为一个有用的人；她抚育我和我的姐姐以及四个兄弟成为善良、具有责任感的人。当我们病了的时候，她无微不至地照顾我们；无论何时我们需要她，她总是任劳任怨；她爱我们整个家庭胜过爱自己的生命。正是这一切使她成为我们生活中不可缺少的人。

围观的人群散去，母亲的情绪逐渐平静下来，突然，在一个麦片盒的后面，我们发现了那个钱包，我们俩不顾一切地放声大笑，整整一天，我们都沉浸在幸福的亲密无间的气氛中。

回家的路上，我陷入了沉思，为什么有时候母亲好像显得有些忧虑呢？我明白了，这因为她的内心是多么渴望能够重新恢复听力。她祷告得那么虔诚，希望能听到世界上所有美好、动听的一切，然而，她最渴望听到的，是她的孩子们的呼吸。

（格雪格·亨特）

心中有灯

是呀，只要心中有灯，一盏希望之灯，只要对生活抱有希望，以一种乐观的心态面对遭遇的一切，不管身处怎样的困境，便什么事情都能做好，什么困难都可以克服的。

三年前，我的单位破产，我成了失业人员。好几个月，我都没有找到工作。我变得沉默寡言，意志消沉。妻子见我这样，让我回乡下散散心。听了妻子的话，我才意识到，我是有好长时间没有回老家看望母亲。我是该回去看看她老人家了。第二天，我带上一些简单的行李回乡下老家了。

母亲还像以前一样，在家经营着她的一块菜地。父亲去世的早，母亲便是靠着在菜地上种菜，然后挑了菜到离家八里路的镇上卖掉换钱供我读完中学、大学的。我毕业工作后，母亲在家还一直保留着种菜卖菜的习惯。

在老家住了七八天，我决定回城里。临走的头天，母亲又在菜地里摘下许多菜，说第二天到镇上去卖。我说刚好我也回去，便要和母亲一同到镇上。母亲答应了。

凌晨三点，外面还是伸手不见五指，漆黑一片，我就和母亲起床动身了。我挑着菜，打着手电筒。母亲跟在我的后面。我们一前一后地走着。土路很不好走，几次我都差点被路边的土堆绊倒。我对母亲说："妈，要是没有带手电筒的话，我们还真没有法子走到镇上呢。"

母亲笑了说："那是自然的，这么黑的天，没有手电筒照着，哪里能看得见路……"

正在母亲说着的时候，我手中手电筒的光亮突然暗了下来，渐渐的，终于最后的一丝光也没有了。

"糟了，我忘记昨天你跟我说过让我换电池，手电筒里面的是旧电池，肯

定是电用完了。"我有些恐慌地说，"妈，我什么都看不见了。"

母亲站了下来，很冷静地说："你先在原地别动，让眼睛适应一下。"母亲从我肩上接过菜，她拽了一下我的手："你牵着我的衣角，跟在我的后面。我带着你走就没关系了。"

就这样，一路上我都是牵着母亲的衣角，跟在她的后面，一步一步走到镇上的。来到镇上，天才刚刚蒙蒙亮。母亲放下菜，用手抹着脸上流淌的汗珠，望着我说，"终于到镇上了。今天的夜路，可苦了我家三儿了。"

我说，"妈，您才辛苦呢。我本想挑着担子的，可是我却看不见路——妈，您是怎么适应了的？"

"妈也是看不见路呀。"

"您也看不见路？"听了母亲的话，我大吃一惊，"那您是怎么带着我走的？而且没有被路上的沟坎绊倒呢？"

母亲笑了，我看到她的脸上露出欣慰又自豪的神色，"这条路妈是走过多少年的了，从你读中学，到大学，那时每天我都走这条路卖菜。每次在路上我都想着你将来一定能考上大学，有出息。就是这种希望，让我每天都有动力卖菜，有机会接触这条路。我对这条路早就熟悉了的。今天手电筒没有了电，我照样能按照以往的判断走过来。妈是心中有灯……"

心中有灯？！母亲的一席话，如醍醐灌顶，让我彻底醒悟过来。是呀，只要心中有灯，一盏希望之灯，只要对生活抱有希望，以一种乐观的心态面对遭遇的一切，不管身处怎样的困境，便什么事情都能做好，什么困难都可以克服的。

正是应了母亲的话，回到城里之后，我和妻子开了一个水果店，努力经营起来。三年后，水果店变成了一个小超市，我成了超市的老板……

（俞彪）

美丽的复杂

> 任何化学物质产生的火焰，最终都会熄灭，而用生命点燃的火焰将永远燃烧。

我有一本很破旧的《代数》，它给了我无尽的回忆，我从少女时代就珍惜它。后来我想，我之所以珍惜它并不仅仅因为它包含着那么多未知数，还有更多的东西。那时我很难说清它给了我什么，今天也依然很难说清楚。复杂是少女的本性，而不像艺术作品中塑造的，描绘的。作品中的少女往往是美丽的，单纯的，天真的，或是……绘画，雕塑，只让少女永远保持了一副表情或一种姿势，她们将永远是静止的，我并不信任那样的少女。美丽的复杂，复杂的美丽，这或许是一个少女的真实的写照。我已经不能准确地找回记忆中的一切，我只觉得那是我最不诚实的日子，在那以前，我从没想过我会与鬼鬼祟祟偷偷摸摸藏藏掖掖，这些不高尚的词语有什么关系。而实际上，我做了。鬼鬼祟祟偷偷摸摸藏藏掖掖给过我一种无名的激动和快感。

那一天，我的朋友 G 来看我，他告诉我说，外面正在大批地查抄书籍，还要把那些被打成毒草的书焚烧掉（那些书有很多曾被称为不朽的名著）。人，仿佛具有一种反叛的天性，精神或欲望越是被禁锢，人就越会迸发出更大的反抗力量。那一时期的阅读也一样，越是被查禁的书，人们阅读的愿望就越强烈。很多书都被用巧妙的方法偷偷藏起来，在一双期盼的手中悄悄传递着。后来 G 经常偷偷给我送来一些书，他总是说，要快点看，还有很多人等着呢。于是我就迫使自己在一个晚上读完一本厚厚的小说，我的眼睛不得不以百米冲刺的速度在字里行间飞快地奔跑着，迅速地囫囵吞下整段的句子。每读完一本书，我的头痛得就像炸裂一般，眼睛看东西也模模糊糊。可是当又一本书传到我手上的，我还是忍不住要读。能够从从容容读完一本书，是

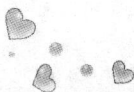

我最大的愿望。

那些天，我完全忽视了自己本应单纯的年龄，不知道自己从哪天开始，我总是偷偷摸摸地做事，读书、写日记也总是鬼鬼祟祟的，好像偷了别人的东西。读书时，门外有一点声响，我就像最机敏的动物一样，把书藏在一边。开始我很难平静自己，后来，我居然会在陌生人面前面不改色，可心却在胸腔里跳得通通响。我和人们悄声说话，如同过去地下工作者秘密地进行什么计划，悄声说话制造出一种紧张的气氛，这种紧张让人战栗，说话哆嗦。

G那时可能十七岁吧，他有乌黑的头发，黑亮的眼睛，还有一种从不张扬的微笑。我那时十三四岁，已经有了复杂的内心世界，这个世界别人看不到，只有我自己能看见，它是迷人的，五光十色的，有一种令人炫目的感觉，进入那个世界我会莫名地一阵阵战栗。坦率地说我喜欢G，我说不清自己喜欢他哪里，可我就是喜欢，他的影子甚至时刻占据着我的头脑。我常在心里无声地跟他说，有快乐的，更多的是伤感的，那些话我没对他说过，一直到现在也没对他说。

那个夏天屋里闷热，没有一丝风，我的窗子被爸爸用厚厚的几层报纸糊上了，他怕我看见外面的一切。我在闷热中透不过气，读书是忍耐的一种方式。读着书里的故事，我就忘了周围的一切。从《在人间》这本书里，我看到了主人公怎样历尽坎坷，饱尝了人世间的痛苦。当春天的太阳和煦地照耀着，伏尔加河水涨得满满的，大地显得热闹而宽阔，主人公来到一艘轮船上，结识了正直的厨师斯穆雷，在他的帮助下开始读书……可惜，我还没有读完，书就被拿走了，我只能在记忆中去追寻那些匆匆掠过眼前的人物。在《热爱生命》这本书里，我看到了一种力量。在那个骨瘦如柴、奄奄一息的人的体内，有一种看不见的力量，它是不能用坚韧顽强这样的字眼来形容的，但它却使这个垂死的人挣扎着通过了荒无人烟的冰天雪地。当他被饥饿的狼扑倒在地的时候，用他的牙齿深深地咬进狼的咽喉，把狼咬死。这个力量就是信念和意志。它产生于思维，它是在人的大脑中时刻进行着的一种活动，也是人与外界长期磨炼、交融的结晶体。它闪闪发光，耀人眼目，但却是来自于每天的平凡和平凡之后的思索。我多么希望能把这本书保留在我身边啊！可G来拿这本书的时候，我却不能让另一双等待的手失望。

生活中有太多的问号，我那时很想知道，为什么那么多书突然间都变成

了毒草。过去……我想起 G 曾给我朗诵过的诗，听，听那云雀……云雀在高空里盘旋，鸣叫，向人们传达着天空的广阔，也带着我的思绪到那无限之中去遨游，让我忘记了这屋子的昏暗和狭小，忘记了自己在病床上的局促和笨拙。我有时沉浸在诗篇里，只觉得耳边回响的，已经不是抑扬顿挫的朗诵，而来自遥远的地方，又仿佛近在眼前的鸟的鸣唱。它紧紧地环绕着我，使我的心灵与这壮丽和激越融为一体……G 的朗诵在我耳边渐渐低落下去的时候，我却还沉浸在诗的意境里。回到现实中来，重新面对眼前严峻的生活，我就把自己更深地沉入到书的世界，让我的思绪回到那些过去的年代，和那些在黑暗和死亡中寻求光明和生存的人们在一起，和他们一起愤怒一起激动，一起吟诵写在墙壁上的诗句；或是一起走进崇山峻岭，在森林里，在篝火旁，度过一个又一个夜晚……书里那些宁死不屈，大义凛然的形象，如同一团团模糊的，但却跳动的火焰在我的眼前闪烁。我想起 G 曾经在《红岩》的扉页上写着：任何化学物质产生的火焰，最终都会熄灭，而用生命点燃的火焰将永远燃烧。

绿色的世界仿佛是在一个夏季的夜晚忽然荒芜的，暴雨之后是酷热的阳光，毒草滋生出来，邪恶地疯狂地迅速生长，几乎所有的书都是毒草了。我只能让 G 帮我找来他学过的课本。他给我的那本《代数》，书边已经磨毛，书面已经有些卷曲，破损，可是书的封面却还很完整，它以前一定是被书皮包着的。我翻开第一面，上面用钢笔工工整整地写着一行字：在数学的王国里，只有勤奋和智慧才是至高无上的君主。下面是 G 的签名。

G 给我讲过，在奇妙的数学王国里，各种各样的数字和符号是平等的，谁也不统治着谁，因为它们谁也离不开谁。可是，要探索数学王国的奥妙，解开无穷无尽的数字之谜，只有勤奋和智慧。G 让我知道了很多数学家的名字，阿基米德，欧几里德，莱布尼茨，高斯……他们对人类科学的发展起了巨大的推动作用，可他们谁也没有宣称自己是数学王国的君主。G 说他们都是很普通的人。我忽然有一种激动夹杂着说不清的，隐隐约约的感觉，那是从我心灵深处的某个地方涌出来的，我有点儿慌乱，心电跳得厉害，好像要从哪里蹦出来。我连忙重把书翻开，书的第一章是二元一次方程，$X+Y=?$ 两个未知数的四则运算产生了一系列奇妙的方程式，世界上的一切原来都是未知数。未知数碰在一起，就产生了一个又一个大大的问号。

许多年以后，我已三十三岁，在北京见到他，是在一个饭店里，我第二

天要去日本，他和朋友专程来送我。围着一个铺着洁白桌布的餐桌，我们天南地北的聊天。G依然是乌黑的头发，黑亮的眼睛，还有……我深深叹了一口气，我是不由自主的。忽然，我觉得眼里涌出了泪水，我想对G说我一直保留着他给我的那本《代数》。我举起斟满红色葡萄酒的杯子，那只酒杯很高很深，它被斟得满满的，大家让我将它一饮而尽，他们说，一路平安。红色的液体在玻璃杯里消失了，我仿佛重又走进了那个只有我自己才能看见的世界……

（张海迪）

给成长多一些尊严

　　"输液器是没有问题的。你以后要苦练基本功啊。"那一刻，她的泪水似决堤的夏洪滚滚而下。她由衷地感激护士长的良苦用心，给了她一次成长的尊严。

　　讲这个故事的，是一个白发苍苍的老护士，她曾获得全国"劳模"称号。
　　那时，她还是一个不谙世事的小姑娘，刚分到这所妇幼保健医院。那天，一对年轻夫妇抱来一个发高烧的一岁小男孩，需住院输液。也许是孩子病得太虚弱了，她在给孩子额头套针的时候，老是找不到那细小的血管，急得满头大汗。病床上的孩子不停的哇哇啼哭，孩子的父母在一旁也不停地唉声叹气。那位父亲甚至粗暴地说："你怎么搞的？不行，我们就转院。"那位父亲的话似锐利的钢针，刺得她的心一阵阵的剧痛，眼泪忍不住地夺眶而出。泪水滴落在套针的手上，那只手愈发地颤抖不停。孩子声嘶力竭的哭声揪扯着她柔弱的心，她多么希望能有神人相助帮她套上那顽固的针头。
　　正在她骑虎难下的时候，护士长被那孩子的父亲叫来了。护士长看了看可怜挣扎的孩子和泪流满面的她，又看了看输液器后对她说："是输液器有问题，快去换一个吧。"她迅速拿来一个新的输液器。护士长轻车熟路地一下子为孩子套上了针头，还责备她说："你也不仔细检查一下，输液器有问题，

还白费功夫。"旁边的年轻父母听护士长这么一说，便没再抱怨。她也擦干泪水，轻轻地舒了一口气。

下来后，护士长把她悄悄叫到一边，语重心长地告诉她说："输液器是没有问题的。你以后要苦练基本功啊。"那一刻，她的泪水似决堤的夏洪滚滚而下。她由衷地感激护士长的良苦用心，给了她一次成长的尊严。

从那以后，她苦练基本功。上班练，下班也练。母亲被她的苦心所感动，主动成了她的"模拟"病员。眼看着母亲的双臂被她蹩脚的套针技术扎得鲜血淋淋，有时疼得冷汗直冒，她的心也在一阵阵地滴血。后来，她干脆悄悄将自己作为了实验品。当汗水和泪水成串落下的时候，她的眼前不由自主地映现出护士长那期待的目光；当娇嫩的手臂被扎得布满了蜂窝般密集的针眼，当疼痛如海潮般不断袭来的时候，她的耳边便一遍又一遍地响起护士长那亲切的话语。

就这样，没几年，她便成了院里有名的"一针准"，成了人人钦慕的业务骨干，进而成为了全国劳模。她说，是护士长给她的那份成长的尊严激发了她不断上进的决心。她永远感激那位护士长。

无独有偶。一个内向、胆怯的小女孩在课堂上不是不敢举手，就是老回答不对老师的提问，弄得越来越没有信心。那位细心的女老师找到她，亲切地对她说，以后，你会回答的问题就举右手，不会回答的就举左手。小女孩眼含热泪，望着女老师慈祥的面庞，重重地点了点头。那以后，当她颤抖地举起左手，女老师便送给她一个会心而温暖的微笑；当她紧张地举起右手，女老师便微笑着连忙将答问的机会送给她。经过一次又一次答问的锻炼，她不断获得了老师的肯定和同学的尊敬，学习的信心也越来越足了。渐渐地，她便自信而又勇敢地一次次地举起了她的右手。后来，她成了一名学业优秀、奋发进取的好学生。

许多年过去了，当她事业有成的时候，她总是无比深情地回忆起那位女老师所给予她成长历程中的尊严。因为她知道，是她们成就了她一生的成功与幸福。

其实，在我们的生活中，每时每刻都有许许多多地正在成长的新生命，他们正在渴求着我们所施与的成长的尊严，哪怕是一点点，也会激发出他们奋进的热情和执著追求的信念。给成长多一些尊严吧，这样成长的明天就是成功。

（李桂芳）

第五辑　温暖是一种力量

温暖是一缕清风，带走你对问题的困惑；在感悟中，温暖是太阳，暖化和感动你的心；在逆境中，温暖伴随你，历经万水千山和长途跋涉……

智慧的美丽

从来没有，像他一样的冷静和智慧，在最后的关头，在久久的沉默之后，给大家带来了满怀的喜悦。

那天晚上看王小丫主持《开心辞典》，我流下了泪。这不是一个煽情的节目，因为里面有一种真实和聪明，还有那份期待和紧张。

是那个人感动了我。他的家庭梦想都是为家人，没有自己的一件东西。他有个妹妹在加拿大，妹妹有电脑而没有打印机，于是他想得到一台打印机给远在加拿大的妹妹。王小丫问，那你怎么给妹妹送去？他说，我再要两张去加拿大的往返机票啊，让我的父母去送，他们想女儿了。听到这儿，我就有些感动，作为儿子，他是孝顺的；作为兄长，他是体贴的。

主持人也很感动，她问，那你为什么还要一台电脑给你父母？他说，因为父母很想念远在万里之外的妹妹，所以，他要给他们一台电脑，让他们把邮件发给她，也让妹妹把思念寄回家。这就是他的家庭梦想，全为了家人。主持人问，有把握吗？他笑着，当然。要回答12道题，而每一道题都机关重重，要达到顶点谈何容易？答到第6题时他显得很茫然，这时他使用了第一条热线，让现场的观众帮助他。结果他幸运的通过了，但他很平静，甚至有些沮丧，主持人很奇怪，因为要是别的选手早就欢呼雀跃了，为什么他这样平静？他说，他觉得很不好意思，为什么那么多人都会这道问题而他不会。

答题依然在继续，悬念也越来越大了，人们也越来越紧张。到最后一题时，我手心里的汗都出来了，好像我是那个盼望着得到一台打印机、两张往返加拿大的机票和一台电脑的人。仅仅为了他的孝顺和对妹妹的宠爱，也应该让他答对吧。最后一题出来了，六选一，是有关水资源的。他静静的看着

这道题，好久没有说话，他的父母也在台下，紧张的看着他，而主持人也好像恨不得生出特异功能把答案告诉他一样。

这时他使用了最后一条求助热线，把电话打给了远在加拿大的妹妹。电话接通了，他却久久不说话，对面的妹妹着急了，哥，快说呀，要不来不及了，因为只有30秒时间。王小丫着急了，快说吧，不要浪费时间了，这是你最后的机会了！

他沉默了一会儿，说了："妹妹，你想念咱爸咱妈吗？"当然想，妹妹说。坐在电视前的我着急了，天啊，这是什么时候了，怎么还慢悠悠的，难道他要放弃自己最后的冲刺吗？我几乎要生气了，怎么有这样冷静的人啊？怎么还说这些没边际的话？他又说了："那咱爸咱妈去看你好吗？"妹妹说："太好了！真的吗？"他点点头，很自信的："是的，你的愿望马上就能实现了。"然后时间到了，电话挂了。我一下子明白了，这道题根本他就会，答案早就胸有成竹！他只是想给妹妹打个电话，只是想把成功的喜悦让妹妹早点分享！我的眼泪一下流了出来，为他的智慧，为他超乎常人的冷静和美丽。果然他轻轻的说出了答案，我看出了王小丫的感动和难言，王小丫说，从来没有见过像你这样的选手。

是的，从来没有，像他一样的冷静和智慧，在最后的关头，在久久的沉默之后，给大家带来了满怀的喜悦。而坐在台下的父母，眼角也悄悄湿润了。我从来没有想到，智慧也会如此美丽，如此感人。它让我们慢慢麻木的心灵，在这个美好而机智的晚上，轻舞飞扬。

（佚名）

永不褪色的迷失

四十年的漫长时光在我凝视照片的一瞬间消失得无影无踪……

哦，父亲，在我的记忆中，你是不会老的。

日子在一天一天过去。逝去的岁月像从山间流失的溪水，一去不复返。回过头看一看，常常是云烟迷蒙，往事如同隐匿在雨雾中的树影，朦胧而又迷离。那么多的经历和故事搅合在一起，使记忆的屏幕变得一片模糊……

还好，有一样东西改变了这种状况。它就像奇妙的魔术，不动声色地把逝去的岁月悄然拽回到你的眼前，使你情不自禁地感慨：哦，原来是这样的!

这奇妙的魔术是什么呢? 我的回答也许使你觉得平平无奇——是摄影。

不过你不妨试一试，翻开你的影集，看看你从前的照片，看会产生什么感觉。如果你自己也是一个摄影爱好者，那么，看看自己从前亲手拍摄的各种各样照片，又会有什么感想。

我的才八岁的儿子，在一次看他刚出生不久的一张洗澡的照片时惊讶地大叫："什么，我那时那么年轻! 连衣服也不穿呐! 啊呀，太不好意思啦!"

我一边为儿子的天真忍俊不禁，一边也有同感产生。是啊，我们都曾经那么年轻，那么天真。那些发了黄的旧照片，会帮我们找回童年或者幼年时的种种感觉。

我儿时的照片留下的很少，就那么两三张。有一张一寸的报名照，是不到三岁时拍的。照片上的我，胖乎乎的脸，傻呵呵的表情，眼睛里流露出惊恐和疑问，还隐隐约约含着几分悲伤……看这张照片，使我很自然地回忆起儿时的一个故事。那是我最初的记忆之一。

那是我三岁的时候，有一次，跟父亲出门，在一条马路上走失在人群中。开始还不知道什么叫害怕，以为父亲会像往常一样，马上就会出现在我的面

前，将我抱起来，带回家中。然而我跌跌撞撞在马路上乱转了很久，终于发现父亲真的不见了。我惊悸的大叫引起很多行人的注意，数不清的陌生面孔团团地将我围住，很多不熟悉的声音问我很多相同的问题……然而我不愿意回答任何问题，因为我以为是父亲故意丢弃了我，我无法理解一向慈眉善目的父亲怎么会就这样把我扔在陌生人中间，自己一走了事。我以为我从此再也见不到自己的父母了，小小的心灵中充满了恐惧、悲哀和绝望。我一声不吭，也不流泪。被人抱着在街上转了几个小时之后，有人把我送到了公安局。一个年轻的女民警态度和善地安慰我，哄我，给我削苹果。另一个年轻的男民警在一边不停地打电话，听他在电话里说的话，我知道他是在帮我找爸爸。我在女民警的哄劝下吃了一个苹果，然而心里依然紧张不安。眼看天渐渐地暗下来，还没有父亲和家里的消息。我呆呆地望着窗外，恐惧和惊慌一阵又一阵向我袭来。尽管那位女民警不停地在安慰我："你别急，爸爸就要来了，他已经在路上了，过一会，你就能看见他了！"但我不相信。我想，父亲大概真的不要我了，要不，他怎么天黑了还不来呢？

就在我惊恐难耐的时候，女民警突然对着门口灿然一笑，口中大叫道："瞧，是谁来了？"我回头一看，只见父亲已经站在门口。

我永远也忘不了父亲当时的模样和表情。他那一向很注意修饰的头发乱蓬蓬的，脸似乎也消瘦了一圈。当我扑到父亲的怀抱里时，噙在眼眶里的泪水一下子夺眶而出，委屈、激动、欢喜和辛酸交织在一起，化作了不可抑制的抽泣和眼泪。当我抬起头来看父亲的时候，不禁一愣：父亲的眼睛里，也噙满了泪水！在我的心目中，父亲是不会哭的，哭是属于小孩子的专利。父亲的泪水使我深深地受到了震动。父亲紧紧地抱住我，口中喃喃地、语无伦次地说着："我在找你，我在找你，我找了你整整一天，找遍了全上海，你不知道，我是多么着急……"

此刻，在父亲的怀抱里，我先前曾产生过的怀疑和怨恨顷刻烟消云散。我尽情地哭着，痛痛快快哭了个够。哭完之后，我才发现，那一男一女两位警察一直在旁边微笑着注视我们父子俩。这时，我又不好意思地笑了。那个男警察摸着我的脑袋，笑着打趣道："一歇哭，一歇笑，两只眼睛开大炮……"这是当时的孩子人人都知道的一首儿歌。于是我们四个人一起笑起来

……

从公安局出来，父亲紧拉着我的手走在灯光灿烂的大街上。他问我："你想吃什么？我给你买。"我什么也不想吃，只想拉着父亲的手在街上默默地走，被父亲那双温暖的大手紧握着，是多么安全多么好。然而父亲还是给我买了一大包吃的东西，让我一路走，一路吃。走着，走着，经过了一家照相馆，看着橱窗里的照片，我觉得很新鲜。长这么大，我还没有进照相馆拍过照呢。橱窗里的照片上，男女老少都在对着我开心地微笑。我想，照相一定是一件很有趣的事情。父亲见我对照片有兴趣，就提议道："进去，给你照一张像吧！"面对着照相馆里刺眼的灯光，我的眼前什么也看不见，父亲又消失在幽暗之中。于是我情不自禁又想起了白天迷路后的孤独和恐惧。摄影师大喊"笑一笑，笑一笑……"我却怎么也笑不出来。当快门响动的时候，我的脸上依然带着白天的表情。于是，就有了那张一寸的报名照。在这张小小的照片上，永远地留下了我三岁时的惊恐、困惑和悲伤。尽管这只是一场虚惊。看这张照片时，我很自然地会想起父亲，想起父亲为我们的走散和团聚而流下的焦灼、欢欣的泪水，父亲在找到我时那一瞬间的表情，是他留在我记忆中的最清晰最深刻的表情。从那一刻起，我知道了，父亲和孩子一样，也是会流泪的，这是多么温馨多么美好的泪水啊……

照片上的我永远是童稚幼儿，可是岁月却已经无情地染白了我的鬓发。而我的父亲，今年八十三岁，已经老态龙钟了。从拍这张照片到现在，有四十年了。四十年中，发生了多少事情，时事沉浮，世态炎凉，悲欢离合……可四十年前的那一幕，在我的记忆中却是特别的清晰，特别的亲切，似乎就在昨天，就在眼前。岁月的风沙无法掩埋儿时的这一段记忆。当我拿出照片，看着四十年前的我的茫然失措的表情，不禁哑然失笑。四十年的漫长时光在我凝视照片的一瞬间消失得无影无踪……哦，父亲，在我的记忆中，你是不会老的。看到这张照片，我就仿佛看见，你正在用急匆匆的脚步，满街满城地转着找我……而我，什么时候离开过你的视线呢？

前些日子，我，我的妻子，还有我的九岁的儿子，陪着我高龄的父母来到西湖畔。久居都市，接触大自然的机会越来越少，我想陪他们在湖光山色中散散心，也想在西湖边上为他们拍一些照片。在西湖边散步时，我向父亲

说起了小时候迷路的事情，父亲皱着眉头想了好久，笑着说："这么早的事情，你怎么还记得？"我说："我怎么会忘记呢？永远也忘不了。你还记得吗，那时，你还流泪了呢！"

父亲凝视着烟雨迷蒙的西湖，久久没有说话。我发现，他的眼角里闪烁着亮晶晶的泪花……

（赵丽宏）

失去的冷漠

泪珠一滴滴落在白色皮凉鞋上，悬在心中的疑团散了，电波中那一声呼喊，于纵横的空间里，让她收获到了世界上最浓烈的亲情。

风很大，很冷。呜咽如哭。

他在寒风中蜷缩得像一只受伤的猫，靠着自己家的门，任伤心的泪在风里滴落成冰。与泪一起结冰的，还有他那颗渴望温暖的幼小的心。

姨娘执勤回来，已是凌晨三点，见他在冷风中紧缩成一团，泪水打湿双眼。她记起来了，昨天下午小侄儿给自己打来电话说钥匙落在家里，要姨妈早点回家开门。偏偏下班前接到临时任务，竟然把这事给忘了。悔恨、懊恼，一瞬间将这位威风凛凛的女刑侦队长击倒，她哭出了声，急急地把孩子抱进了屋。

孩子的妈妈和她一样，也是刑警，前年牺牲了。年轻的她以母亲的名义呵护着年幼的侄儿，把所有的爱倾注在孩子身上，错过了恋爱也无怨无悔。在最疲累的时候，在最无助的时候，她叫一声"儿子"，或是孩子喊她一声"妈妈"，两人心里都会感觉幸福一波连着一波。

可是自从那个北风凛冽的夜晚，她失约之后，孩子不再叫她"妈妈"，只叫她"姨"。距离，一夜之间产生了。他在学校被小混混追打，鼻青脸肿回来，却不再向她哭鼻子，也不喊痛，早熟得让人心酸。

她关切地问："儿子，你怎么啦？是不是和同学打架了？"

他毫不在乎地说："姨，没事，我摔了一跤！"

小侄儿的冷漠，令女刑侦队长绝望得发疯：自己付出去的爱，怎么就弥补不了那一次的过失？

又一次完成任务归队途中，她打开车载电台，陡然听到小侄儿在向主持人倾吐心声——

"……我怕。我一个人呆在家里，姨执行任务去了。"

"我妈妈和姨一样，也是刑警，在一次追逃中死了。我怕我姨会像我妈妈一样。所以，我现在就把姨当陌生人看，如果她牺牲了，我的难受会少一点。但我还是很怕姨离开我，她是我最亲的亲人啊！"

"今天是母亲节，我最想喊她一声：妈妈！"

她把车泊在路边，趴在方向盘上，泪珠一滴滴落在白色皮凉鞋上，悬在心中的疑团散了，电波中那一声呼喊，于纵横的空间里，让她收获到了世界上最浓烈的亲情。

(佚名)

二十朵丁香花

母亲就如那苦苦的树，而她就是树上最香的花。最苦的树开最香的花，像极了眷眷的亲情，而那花香悠远绵长，浸透了整个的生命。

从她记事起，就已经有了门前的那几棵丁香树了。每到春天，艳艳地开满了粉红的花，空气中流动着淡淡的清香。她从小就喜欢丁香，常常在一簇

簇的花丛中寻找有五个花瓣的花朵，传说五瓣丁香能给人带来幸福和好运。

是的，她是那样的幸福，她一直深信那是门前的丁香花的福荫，因为五瓣丁香极少见，而她却总能在花开的时候找到几朵。父母对她宠爱而不溺爱，而家庭条件也是很优越，她因此比别的孩子更独立更快乐。在这样的氛围之中，她走过童年，走过少年，走进了大学的门槛。去外地上大学，父母只有一个要求，很郑重地提出来，寒暑假可以不回来，但丁香花开的时候一定要请假回来住几天，不管多么忙。她虽然有些不解，可还是答应了，而且，她也喜欢那些花，毕竟陪伴着自己一起长大，有一种难以割舍的情感。

上大学的第一个春天，母亲给她打电话，告诉她门前的花已开了。于是，她坐了一天的火车，回来看那些花。未到家门，花香便已弥漫过来，而那些花，映得她心里暖暖的。她知道，其中一定有几朵五瓣的花在等着她去采摘，那是她幸福的使者。而父母，就站在门前对着她微笑，从小到大，每次从外边回来，都是如此。

在家里住了几天，她便返校了，带着一种依依的心情。她没有问父母这一切的原因。

第二年，她依然在春天回来。花依旧，而心情却有了浅浅的感伤。因为她无意间发现了一张她小时候的照片，可能还是未满月时照的吧。而抱着她的，是一个陌生的女人。她问母亲那人是谁，母亲说是一个远房的亲戚，而她却清楚地看见了母亲一瞬间的惊慌。她便忽然想，自己该不是父母亲生的吧？照片中的那个女人，也许就是自己的亲生母亲，要不那眉眼怎么竟和自己如此相像，而那眼神中怎么有着如此多的不舍与忧伤？带着疑惑，她离开家门回到学校，这是第一次离开家门时脸上没有笑容。

不久，母亲给她打来电话，告诉她，她的确是他们抱养的。那一瞬间，20 年来从没有忧愁的她，眼中蓄满了泪水。母亲又说，那几棵丁香树，是她的亲生母亲栽下的，在她出生后不久。她忽然明白，为什么自己那样地喜欢丁香花，因为它传递着一种血浓于水的亲情，从生她的那个女人手上，把美丽与哀愁传递到她的眼里，她的心上。她像无数个被抱养的孩子一样，在心底喊着为什么，为什么生我而不养我？虽然她的生活是如此的幸福，而现在回头望去，那幸福竟是如此的飘忽，终是遮不住命运的伤痕。

　　她记起了照片上的那个女人，那个给了她生命的人。她再次回到家，对父母说，我不需要你们告诉我事情的经过，我只想问你们她的地址。父母无言，在纸上写了一个地址，交给她，看着她出了家门。在满树的花旁，她回过头来，说，我会回来的。

　　坐了一天一夜的火车，她辗转来到了那个小城，找到了那个低矮的土房，在城市的边缘。叩响那扇门，当脚步声传出来时，她的心跳得竟是如此剧烈。门开了，一个白发的老人看见她，惊得说不出话来。她的心一痛，亲生的母亲应该不到五十岁，怎么就白了头发？可她的眼神中的不舍与忧伤和照片中一样，几十年都没有变，这就是母亲了，这就是母亲了，她在心底默默地念着。这时，眼前老人叫出了她的名字，喃喃地问，你怎么来了，你怎么来了？她默默地凝视了这个应该叫母亲的人一会儿，只是问，为什么？母亲无语，带她进了屋，家徒四壁，贫寒无比。母亲只说了一句，这样的家庭，给不了你好的生活和未来。她说，可是，却可以给我亲情，给我真正的妈妈。母亲摇头，也许可以给你一个妈妈，却不是一个好妈妈，而且，我给不了你应该叫爸爸的那个人。

　　母亲从床底拿出一个锈迹斑斑的铁盒子，打开，里面全是枯萎的丁香花，一共有 20 朵。母亲说，每一年我都去看你，都要摘一朵花回来。每一年我都能看见你很快乐的生活和成长，看见他们对你的爱与呵护。他们是你的真正父母，他们给了你很温暖的亲情，你不要有什么遗憾。我是一个对生活死了心的人，我也上过大学，明白许多道理，可即便是我的亲生女儿，也不能让我重新对生活充满热情。原以为把你送走，我便可以无牵无挂地离开这个世界，可是没有了你，才觉得你才是这个世界真正让我挂念的人。我想看着你长大，看着你走进幸福的生活，便这样把日子撑过来了。只是没想到，你终于知道了，看来我不该在你的生命里留下许多印记，包括你的满月照。

　　白发，泪眼，她的心忽然疼了起来。她在记忆里努力搜寻着，可那个在门外花前满眼泪水与哀愁的老人，怎么就一点印象也没有呢？母亲该是一个充满才气充满热情的人啊，可如今只剩下了孤苦与无依。是什么，让母亲失去了如花的笑脸？是什么，让母亲如此的心伤？她已无需去问，也更无需去问为什么了。在母亲支离破碎的生活中，她是母亲伤口中流出的血，时时让

母亲疼痛，在疼痛中继续着无望的生活。看着那 20 朵枯萎的花，明白了养父母为什么要她年年回来看花开，心渐渐地丰盈起来。终于，她叫了一声妈，拥住了白发的母亲，一如拥着 20 年的生命中所有的爱与牵挂。

她知道，她的生命真的比别人更富有，有那么多的爱包围着她。无论以后走出多远，她都要回去看门前的丁香花，还有门内的三位老人。那些美丽的花，真的是年年绽放着幸福。丁香的叶子很苦，而花朵却是那样香甜。母亲就如那苦苦的树，而她就是树上最香的花。最苦的树开最香的花，像极了眷眷的亲情，而那花香悠远绵长，浸透了整个的生命。

（包利民）

因为爱，所以逐花而居

　　　　她含着笑的眼睛湿润了，透过晶莹的泪光，我看到柔弱的她眼睛里有着坚强的光芒。

他们被称做"中国的吉普赛人"。

在我的印象中，他们大都在四十岁左右。因为，涉世未深的年轻人是耐不住这份寂寞的，也受不了这份苦。每年的三四月份，他们带着自己的蜜蜂出发，选择一片鲜花盛开的地方，然后搭下帐篷，一住就是两三个月，直到附近的鲜花开尽，他们才朝着下一处花丛出发。他们就是养蜂人。

我曾有幸认识了他们当中的一员。她算是比较年轻的一位。

那是一个杨柳拂堤的季节，我沿着一条小河到一个农场采访。那里是一片金黄色的油菜花丛，足足绵延 30 余里，蔚为壮观。她，一个年近 30 岁的女子，头戴一顶挂纱的斗笠，一袭红裙，忙碌在花间，与这样的花丛相映成趣。

我完全为眼前的一切陶醉了，连忙取出照相机打算记录这美丽的瞬间。哪知道，就在我刚刚聚焦的当口儿，一只蜜蜂落在我的手上，以迅雷不及掩耳之势蜇了我一下，然后飞走了！

我的喊叫声惊动了她，只见她连忙跑进帐篷，拿了一个小瓶子出来，边说对不起，边从瓶子里倒出苏打水给我抹上，然后，在歇脚的当口儿，我们聊了起来。

原来，她18岁就结了婚，丈夫是一个养蜂人，她就跟随着丈夫到处走动。虽说有些辛苦，但是两个人的生活过得还算甜蜜。3年后，他们的蜜蜂由当初的3箱发展到8箱，还有了一个可爱的儿子。但是，就在这时候，一场意外夺走了丈夫年轻的生命，从此就只留下她带着儿子和蜜蜂到处走动。当时，许多人都劝她安定下来，再找个男人嫁了，但是她死活不肯。她说，那8箱蜜蜂是她丈夫留下来的，她要像照顾自己的儿子一样照顾它们。她又说，那蜂箱里有她丈夫的灵魂，她不能撒手不管，否则，丈夫会不安的。

于是，她就把丈夫的"事业"接管下来，且一管就是七八年。在这些年里，她一边照顾蜜蜂，一边教儿子识字算算术。她从不担心儿子的学习，因为，她相信自己的教育能力，她唯一担心的就是蜂群。

有一次，她刚在一个花丛旁扎下帐篷放好蜂箱，几个调皮的孩子就在附近的茅草丛中点着了火。她连忙扯了条毯子向着火的茅草丛奔去，先是用力拍打，后来实在不起作用，她就索性把毯子裹在身上，向火苗滚去。火最终被扑灭了，她也多处受伤。

她说，每当看到蜜蜂在自己眼前嗡嗡地飞，就想起了她的丈夫，因为，蜜蜂的翅膀上会栖着他的灵魂。所以，谁也不能伤害蜜蜂，否则就等于伤害了她的丈夫。说这话的时候，她含着笑的眼睛湿润了，透过晶莹的泪光，我看到柔弱的她眼睛里有着坚强的光芒。这是丈夫带给她的，伤感而又积极。

她还告诉我，曾经有人给她出主意，让她开一家小厂，雇几个小工帮她的忙。但是，她也拒绝了。我惊讶地看着她，她知道我在询问，却没有立刻作答，沉默良久，才说了这样一句话：不要小瞧了这些小东西，它们可会撒娇了，不是十分细心的人是不能养的……

那天的阳光格外明媚，一如她的笑容。我买了2瓶蜂蜜回去，不为食用，

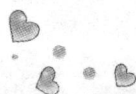

只为纪念她，纪念这份美好。也正是这个逐花而居的养蜂女子，让我相信了，在这个世界上，已然离去的人照样可以存在于活着的人的生活中。因为这样一段痴，这样一片情，时空再邈远，依然足以放牧爱的灵魂！

（李丹崖）

记得你，记得那条月光跑道

一个有月亮的夜晚，我和小刘跑步时叫上了陈格，月光跑道上有三人的身影，我轻轻地呼吸着，内心温暖如春。

陈格是差点成我婆婆的女人。记得我们很有意思的第一次见面。那时还是我男友的李朋带我去他们家，他向我介绍他妈：这是陈格。我当时就很诧异，有这么叫妈的吗？李朋笑道："我妈妈很时尚，留过学，典型的小资产阶级。"没想到陈格倒是习以为常，冲我妩媚地一笑：叫我陈格吧，我喜欢让自己年轻点。

那时，她正站在阳台上晒洗一条水绿色床单，使劲地拍打，阳光下一副心满意足的样子。看她的第一眼我就喜欢上了她，她显然比实际年龄年轻得多。第一顿饭就很有意思，一般的家里，肯定是未来婆婆忙不迭地下厨，一头扎进厨房不出来，她却冲李朋说："喜欢吃什么弄吧，菜都有。我和苏明聊一会儿天。"说着，找出一个漂亮的罐子，神秘地冲我一笑说："这是朋友送的花草茶，我还有大麦茶，你喜欢哪种？"我笑着选了大麦茶，茶水下去，大麦的天然香味顿时弥漫了整个空间，陈格靠在沙发上和我聊天，奇怪的是她的思维竟然比我还活跃，和她在一起，我一点都不拘束，很放松。

我和李朋的关系发展得不错，有时我们难免会闹别扭，陈格碰到时从来都不拦，坐在一边看她的书，偶尔抬起头来看着我们笑，一副置身事外的模

样。那一天等我平静下来了，我问她："你不像个当长辈的，怎么从来不拦着我们？"

她漫不经心地说："我年轻时也是这么过来的，有什么大惊小怪的。"我不得不佩服陈格，从来是心中有数，不操心不着急，看着她依然有笑意的眼睛，再看自己才25岁已有淡淡鱼尾纹的眼睛，不禁有些自惭形秽。

陈格对我的新衣服总很感兴趣。有一次，我买了一条吊带裙，她看了看我，说，你等等。就冲进屋里翻箱倒柜找出一条暗绿色的帛棉长丝巾，给我配上去了，还得意地说："我的眼光不错吧，这是我出国讲学的时候淘到的，送你吧。"我惊喜不已。那一天阳光很好，陈格兴致很高，说我们来试试衣服吧，看看我穿哪套好看。陈格有很多条质地不错的披肩，当她把那条红得很正的披肩裹在身上时，头发用一根卡子挽起来，看得出年轻时的风韵犹存，我由衷地夸了一句：阿姨真好看。陈格笑得花枝乱颤。

李朋研究生毕业后就考取奖学金出国了，我毕业留校，等着他回来。一切都按部就班地发展着，而我和陈格，两个女人来往倒是多了起来。李朋的父亲去世得早，李朋这一走，家里显得很冷清，陈格就让我偶尔去吃饭。李朋不在了，没人做饭，我们的一顿饭，就打牌来决定谁做。当然，最后总是陈格输得多，她也就乐呵呵做上了，普通的土豆都能翻着花样做得有滋有味，居然蒸土豆泥时加入了小麻油和红椒。

有一天，月亮很好，陈格突然就说："走，我们一起去跑步吧。"我不是特别好动，可陈格已换上了运动衣，我懒懒地跟着她出去了，那一晚月光特别亮，校园的操场上显得特别安静，陈格跑了两步，停了下来，忽然对我说："你们年轻多好啊，可以有大把的时间享受这么美好的时光。"我望着陈格，突然之间就有些感动，陈格是人老心不老啊，还这么有心，我突然觉得自己该有活力才是。我们一路小跑，偶尔停下来说说话，我对陈格说："这是月光跑道。"陈格又兴奋了半天：多美的名字啊，看来我得天天来了。

陈格多年来依然保持着喝下午茶的习惯，偶尔我会翘班，溜到她家跟她一起喝下午茶。她给我讲旧时大家闺秀下放到农场时依然保持着喝下午茶的习惯：条件差不要紧啊，用小铝锅烘焙点心，或用炭炉烤干面包，头发梳得一丝不苟，依然乐观，这才是真正的大家风范啊。陈格对我的影响很大，其

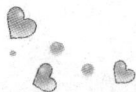

实，人过什么样的生活全在于自己。

李朋的信越来越少了，陈格问起我时，我就叹气，陈格也就沉默了，对儿子，她向来是听之任之的，可这一回，她说她心里很不好受。我有一种强烈的预感，我和李朋之间的感情可能要出问题了。果然，去年的圣诞节前后，李朋给我发来了一封长长的电子邮件，措词很委婉，但我明白了一个事实：他打算在国外定居，短时间不会回来，我们之间结束了。那个雨夜，我泪眼滂沱。

我没有再去陈格家，不是李朋，我和陈格有什么关系？春节前，陈格给我打来了电话，口气很是试探，看来她并不知道我和李朋发生的事，我的回答有些淡淡的，她顿了一下说："苏明，今天我得了一笔课题费，请你吃大餐，怎么样？"我犹豫了一下，似乎没有理由拒绝，毕竟，陈格是那么好的一个忘年交。

我来到了那家环境不错的餐厅，陈格已到了，她看了看我的表情，说："是李朋的事吧，我早有预感。孩子，听我讲，你和李朋的事你们自己处理，我不会插手，感情的事是勉强不来的。但是，我们之间还是可以做亲人的啊，有空我们一起吃饭逛街。"我的眼泪哗哗就流了下来。陈格又轻轻地说："孩子，这点挫折真的不算什么，我们这一辈人别的没有什么，但有精神上的信念啊。"

饭后，陈格拖着我去逛街："春节到了，我想买身衣服，陪陪我。我可喜欢时尚一点的啊。"那一天，逛到最后，陈格什么也没买，倒是给我买了一件毛衫，只因为我当时随口说了一句："这件衣服很有品位。"虽然价格不菲，但是陈格买下来了。

那年春节，李朋没有回来，陈格一个人过春节。因为我家不在南京，她知道我要回老家的，根本没开口让我陪她。可是在订票的那一刹那，我做出了一个决定，留在南京过春节，陈格她害怕孤独啊。

大年三十，我在 24 小时便利店买了一大纸袋食品，烤肉烤肠烤鸡还有速冻饺子，气喘嘘嘘地爬上楼出现在陈格面前时，她惊喜得叫出了声，接着眼泪就出来了，这就是陈格，多大年龄了，还是有小女生的纯真。

陈格连连说："你坐着，今天的饭我来做。"陈格从柜子里找出了一套漂

亮的青瓷杯子，给我泡上了香浓的大麦茶，屋里一下子温暖起来。陈格突然对我说："今天的年夜饭，我们吃西餐吧。我在国外呆过，保准口味纯正。"半个小时后，陈格的西餐端上来，我们一起看春节联欢晚会，突然间就沉默下来，陈格有些伤感，对我说："我身边的人一个个都离我而去了，没想到今天陪我的还是一个我没福气得到的儿媳。"那个晚上，我和陈格睡在一张床上，说实话，离开家这么多年了，我没有再和妈妈睡在一起，而陈格让我体会到了妈妈的感觉，半夜醒来，发现陈格还在用手为我牵被子角，我忍住没让眼泪掉下来。

第二年春天的时候，我遇到了一个优秀的男孩，在另一所大学教书，我们在一起感觉很温暖。我带他去看陈格，陈格很高兴，泡上了新鲜的大麦茶，只是她转身时，我看出了她的失落，我跟进厨房，说："这顿饭让小刘做吧。你不是很女权吗？让我们享受一回。"陈格拍着我肩膀："你这丫头。"小刘在厨房里忙活，而我和陈格在聊天，我说："虽然我们做不成婆媳，但我们是忘年交啊。以后你就多了一个忘年交了，还记得月光跑道吗？小刘很爱运动，以后跑步时，我们叫上你。"陈格的眼睛亮了一下，说："真的？"我使劲地点了点头。陈格恢复了往日的活跃。

夏天时，陈格生了一场大病，我和小刘去照顾她，我喂她喝汤，她使劲问我："我这样子难看吧？"我望了一下周围，大声说：不难看。是真心话，陈格是个特别的人，在病中都把头发梳得整整齐齐，穿着从家里带来的印花睡衣，还让我给她涂上了清凉的润肤霜。

一个月后，陈格的身体恢复了，一个有月亮的夜晚，我和小刘跑步时叫上了陈格，月光跑道上有三人的身影，我轻轻地呼吸着，内心温暖如春。

（兰溪）

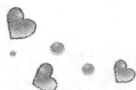

风中的白玫瑰

　　我看见，她躺在那儿，手拿一枝美丽的白玫瑰，怀抱着一个漂亮的洋娃娃和那男孩儿的照片。

　　我急匆匆地赶往街角的那间百货商店，心中暗自祈祷商店里的人能少一点，好让我快点完成为孙儿们购买圣诞礼物的苦差事。天知道，我还有那么多事情要做，哪有时间站在一大堆礼物面前精挑细拣，像个女人一样。可当我终于到达商店一看，不禁暗暗叫起苦来，店里的人比货架上的东西还多，以至店内温度比外边高好几度，好像一口快要煮沸的井。我硬着头皮往玩具部挤，抱怨着，这可恶的圣诞节对我简直是一个累赘，还不如找张舒适的床，把整个节日睡过去。

　　好不容易挤到了玩具部的货架前。一看价钱，我有点失望，这些玩具太廉价了。俗话说，便宜没好货，我相信我的孙儿们肯定连看都不会看它们一眼。不知不觉中，我来到了洋娃娃通道，扫了一眼，我打算离开了。这时我看到了一个大约 5 岁的小男孩，正抱着一个可爱的洋娃娃，不住地抚摩她的头发。我看着他转向售货小姐，仰着小脑袋，问："你能肯定我的钱不够吗？"那小姐有些不耐烦："孩子，去找你妈妈吧，她知道你的钱不够。"说完她又忙着应酬别的顾客去了。那小可怜儿仍然站在那儿，抱着洋娃娃不放。我有点好奇，弯下腰，问他："亲爱的，你要把她送给谁呢？""给我妹妹，这洋娃娃是她一直特别想得到的圣诞礼物。她只知道圣诞老人能带给她。"小男孩儿说。"哦，也许今晚圣诞老人就会带给她的。"小男孩儿把头埋在洋娃娃金黄蓬松的头发里，说："不可能了，圣诞老人不能去我妹妹待的地方……我只能让妈妈带给我妹妹了。"我问他妹妹在哪里，他的眼神更加悲伤了，"她已经跟上帝在一起了，我爸爸说妈妈也要去了。"

我的心几乎停止了跳动。那男孩接着说："我告诉爸爸跟妈妈说先别走，我告诉他跟妈妈说等我从商场回来再走。"男孩掏出一张照片。"我想让妈妈带上我的照片，这样她就永远不会忘记我了。我非常爱我的妈妈，但愿她不要离开我。但爸爸却说她可能真的要跟妹妹在一起了。"说完他低下了头，再不说话了。我悄悄从自己的钱包里拿出一些钱。我对小男孩说："你把钱拿出来再数数，也许你刚才没数对呢?"他兴奋起来，说道："对呀，我知道钱应该够的。"我把自己的钱悄悄混到他的钱里，然后我们一起数起来。当然现在的钱足够买那个洋娃娃了。"谢谢上帝，给了我足够的钱。"他轻声说，"我刚刚在祈求上帝，给我足够的钱买这娃娃，好让妈妈带给我妹妹。他真的听到了。"然后他又说，"其实我还想请上帝再给我买一枝白玫瑰的钱，但我没说出，可他知道了，我妈妈非常喜欢白玫瑰。"

几分钟后，我推着购物车走了。可我再也忘不掉那男孩儿。我想起几天前在报纸上看到的一条消息：一个喝醉的司机开车撞了一对母女，小女孩死了，而那母亲情况危急。医院已宣布无法挽救那位母亲的生命。她的亲属们只剩下了决定是否维持她生命的权利。我心里安慰着自己——那小男孩当然不会与这件事有关。

两天后，我从报纸上看到，那家人同意了拿掉维持那位年轻母亲生命的医疗器械，她已经死了。我始终无法忘记那商店里的小男孩儿，有一种预感告诉我，那男孩儿跟这件事有关。那天晚些时候，我实在无法静静地坐下去了。我买了一捧白玫瑰，来到给那位母亲举行遗体告别仪式的殡仪馆。我看见，她躺在那儿，手拿一枝美丽的白玫瑰，怀抱着一个漂亮的洋娃娃和那男孩儿的照片。

我含着热泪离开了，我知道从此我的生活将会改变。

（佚名）

多一句赞美

我常告诉自己千万不能泄气，让这个社会更有情原本就不是简单的事，我能影响一个就一个，能两个就两个……

人们相互希望得越多，想要给予对方的越多……就必定越亲密。

几天前，我和一位朋友在纽约搭计程车，下车时，朋友对司机说："谢谢，搭你的车十分舒适。"这司机听了愣了一愣，然后说："你是混黑道的吗?"

"不，司机先生，我不是在寻你开心，我很佩服你在交通混乱时还能沉住气。"

"是呀!"司机说完，便驾车离开了。

"你为什么会这么说?"我不解地问。

"我想让纽约多点人情味，"他答道，"唯有这样，这城市才有救。"

"靠你一个人的力量怎能办得到?"

"我只是起带头作用。我相信一句小小的赞美能让那位司机整日心情愉快，如果他今天载了 20 位乘客，他就会对这 20 位乘客态度和善，而这些乘客受了司机的感染，也会对周遭的人和颜悦色。这样算来，我的好意可间接传达给 1000 多人，不错吧?"

"但你怎能希望计程车司机会照你的想法做吗?"

"我并没有希望他，"朋友回答："我知道这种作法是可遇不可求，所以我尽量多对人和气，多赞美他人，即使一天的成功率只有 30%，但仍可连带影响到 3000 人之多。"

"我承认这套理论很中听，但能有几分实际效果呢?"

"就算没效果我也毫无损失呀!开口称赞那司机花不了我几秒钟，他也不

会少收几块小费。如果那人无动于衷，那也无妨，明天我还可以去称赞另一个计程车司机呀！"

"我看你脑袋有点天真病了。"

"从这就可看出你越来越冷漠了。我曾调查过邮局的员工，他们最感沮丧的除了薪水微薄外，另外就是欠缺别人对他们工作的肯定。"

"但他们的服务真的很差劲呀！"

"那是因为他们觉得没人在意他们的服务质量。我们为何不多给他们一些鼓励呢？"

我们边走边聊，途经一个建筑工地，有 5 个工人正在一旁吃午餐。我朋友停下了脚步，"这栋大楼盖很真好，你们的工作一定很危险辛苦吧？"那群工人带着狐疑的眼光望着我朋友。

"工程何时完工？"我朋友继续问道。

"6 月。"一个工人低应了一声。

"这么出色的成绩，你们一定很引以为荣。"

离开工地后，我对他说："你这种人也可以列入濒临绝种动物了。"

"这些人也许会因我这一句话而更起劲地工作，这对所有的人何尝不是一件好事呢？"

"但光靠你一个人有什么用呢？你不过是一个小民罢了。"

"我常告诉自己千万不能泄气，让这个社会更有情原本就不是简单的事，我能影响一个就一个，能两个就两个……"

"刚才走过的女子姿色平庸，你还对她微笑？"我插嘴问道。

"是呀！我知道，"他答道，"如果她是个老师，我想今天上她课的人一定如沐春风。"

（雅特·鲍奇华）

那一刻，我的忽略伤害了她

　　我真想对麦丽说一千句一万句对不起，可我喉咙哽咽着，什么也说不出。

　　和麦丽结成闺密屈指数来已有十几个年头了，记得还是黄毛丫头的时候，我俩就形影不离。后来，上中学，读大学……虽然身边总有新朋友层出不穷地涌出来，却又因为时空的距离慢慢变得销声匿迹。但是我和麦丽总是那么铁，永远不用担心彼此会被杀出的"程咬金"代替，也不用担心被"大浪淘沙"掉。在"亲爱的"、"宝贝"这些口头禅还没有在女孩子间叫得泛滥成灾的时候，我就喜欢这么称呼麦丽，经常把周围的人"酸"得做出晕倒状，而我俩却自然从容地挽臂离去。

　　时间过得真快，转眼间我们都已经成家了。麦丽先我一年结婚，记得在我的婚礼上她忙得团团转，还摆出家长作风，和我老公说："颖颖从小娇生惯养，我也一直让她三分，你以后一定要多多包容，她只吃软不吃硬……"直到说得我老公鸡啄米似的点头，麦丽才善罢甘休。

　　结婚后，老公对我的确不错，他开玩笑说，他惹不起我的亲友团，我知道他指得是麦丽。于是我马上对他粉拳挥舞，然后就会想起该给麦丽打个电话了。虽然有了各自的家庭后，我和麦丽不像以前的那样形影不离，但是一旦煲起电话粥来，持续时间之久，还是让我老公佩服得五体投地。

　　转眼到了结婚纪念日，给老公该买件什么礼物呢？我首先想到了和麦丽商量一番。去她家时，麦丽老公正好出差，我把自己摔在她家的沙发里，开始向她"抖搂"自己的对幸福婚姻的感受。第一次，我发现麦丽心不在焉，遥控器始终没有离开手心，眼睛盯着电视，不停地换台。对我的话也没有什么反应。"喂！你把我当空气啊，问你呢，我该买什么啊？"我转身夺过遥控

器，逼问道。

"我也不知道，这是你自己的事情，你就自己决定吧！"麦丽脸上显出从未有过的不耐烦。我的心一阵冰凉，曾经亲密无间的朋友在一瞬间变得有些陌生。

我赌气地站起来，准备回家，本想她会留我一下，没想到，她却站起身来，说道："那你慢走，祝你们幸福。"我冷冷地说声"谢谢"，便出了她家的门。心中愤愤地想："不能分享快乐，还算什么朋友？"

接下来的一段日子，麦丽变得更是不可琢磨。我打电话告诉她正在上映一部经典的爱情大片，问她是否有时间去，她却冷冷地答："你和你老公去吧，我没有时间。"我邀请她到我家玩，她也频频拒绝。我当时只想到一个理由，女人嫁了有钱男人，就不认朋友了。想着想着，心里一阵悲凉。

一天早上，麦丽打电话让我到她家，声音依然是冷冷的。我欣然前往，期盼她能"回心转意"。一进门，却被麦丽的打扮惊呆了！从不化妆的她，嘴巴涂得猩红，身上是一件很性感的束胸吊带装。说实话，麦丽的美来自清纯自然，这一身打扮，在她身上显得不伦不类的。当麦丽问我，她这样打扮怎么样时，我直接说道："真不怎么样，你也不怕把你老公吓跑了。"话刚说出，只见麦丽的脸色越变越难看，接着，便疯了似地将那衣服脱下来，疯狂地在上面踩踏，像是对我所说的话反抗一般。我站在一边尴尬极了，终于忍不住抽身离去。心彻底地凉了，我坚信，麦丽真的变了，我们的友谊也彻底崩溃了。虽然麦丽的影子总在不经意的时候出现在我脑海，也多次想拿起电话，听听她熟悉的声音，可最终，都因想到她后来的变化，而控制住了。麦丽果然不出我所料，一个电话都没有给我打过，更别说来找我了。在老公的安慰下，我最终接受了我已经失去麦丽这个好朋友的事实。

一个星期日，我和老公去买东西。远远地看见一个身影，挺拔、高大，像极了麦丽的老公。越走越近时，我和老公不约而同地说："麦丽他老公！"而那个男人身边的女人却是陌生的。顾不得老公的劝阻，我的第一反应是，一定要把这件事告诉麦丽，我不能让麦丽不明不白地受伤害。

跑到麦丽家里，顾不得一年多没有联系的尴尬，我将她老公的行为揭发了出来。

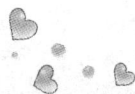

"谢谢你，颖颖，这已经不关我的事了，早在半年前，我就和他离婚了。"麦丽平静地说。我的嘴却被震惊成 O 型，怎么可能，麦丽离婚了？作为她的好朋友，我竟然全然不知。

麦丽走到冰箱边，取了一罐饮料递给我，"看你累的，先歇歇。"然后，她平静地对我说："记得那次你来找我商量给你老公买礼物的事吗？就在那事的前一天，我偶然发现他有不轨行为……"

曾经的一幕在我脑海中重现，直到今天我才找到麦丽冷漠的答案。懊悔漫过心扉，我为自己的自私和粗心内疚。可想而知，当我兴奋地和麦丽分享自己的幸福时，她正在经受着老公背叛的痛苦，而我还用自己的快乐刺激她……

"麦丽……"我不知说什么好。

"好了，都是过去的事情了，我这不好好的吗？离开不爱自己的男人，何尝不是一种解脱呢？但我开始时却很固执，我以为是我不美，他才……我拼命地打扮自己，甚至模仿那个女人的模样。可我渐渐发现，一个男人不爱你了，你做再多努力都是徒劳。最关键的是，我认识到，错不在我……哎！颖颖，遇到个真心爱你的男人不容易，你好好珍惜吧！"

懊悔的泪水早已漫过脸庞，我真想对麦丽说一千句一万句对不起，可我喉咙哽咽着，什么也说不出。看着我的样子，麦丽"扑哧"一下子笑了出来。走过来拉起我的手，说道："傻丫头，看你这没出息的样子。好久没逛街了，就盼着你来陪我出去走走，说不准还能碰上个金龟婿呢，新的生活还是要开始的……"说着，麦丽已经走到镜子边披那件我和她一同买来的披肩，而我却怎么也控制不住夺眶而出的泪水……

（佚名）

自己开门

　　我以为门没有开，所以我等待，我彷徨，我甘愿在这里耗尽时间做一个等待者，却不愿推一下近在咫尺的而又未上锁的门。

　　数学成绩出来了，我没有取上名次，这让我很懊恼，很失望.我有点自责，并不是因为我是数学课代表，而是由于马虎导致成绩没有及格。

　　老师在讲台上滔滔不绝地讲着，似乎在讲评试卷，但是，我一个字也没有听清，根本就是没有听进去，脑子里一片空白，只有一个空旷的声音在耳畔想起：数学不及格，数学不及格……我竭力捂住耳朵，但又不能不听，我感到深深的自责与愧疚，为那可怜的分数，为那不堪回首的半学期。我感到自己好压抑，就象危险的炸药包已被点燃了导火索，我试图忍耐，想找到一个发泄的机会。正巧，前排的阿媛转过了身"借我看一下你的试卷。"我还未来得及做任何的反应，试卷已被她拿走了，我多么希望那可怜的分数能够长腿跑掉，但是奇迹终究没有发生，我从她惊讶的神情上看出了我自己的影子：矛盾、后悔，但又无可奈何。"真烂，对吧。"我轻蔑地对她说，我故做潇洒地对这成绩显出不屑一顾的样子，于是我努力地撇了一下嘴，希望和以前一样放肆地大笑一场，但我笑不出来，我想，我的表情比哭还难看。阿媛什么也没有说，只是意味深长的看了我一眼。我很清楚那意味着什么：她一定是在向我炫耀，她取得了数学一等奖，还有对我的委靡不振的嘲笑……我在不振与振作的边缘一次又一次的徘徊之中过了一上午。

　　下午的物理课做实验，来得太早，门关着，空荡荡的走廊里只有我一个人，我的头很疼，乱哄哄的，我的头象炸了一样，我轻轻把头靠在墙角，一直到走廊里响起一阵子脚步声，会是谁呢？这脚步声很熟悉，应该是阿媛。我转过身去，果然是她："为什么不进去呀？"她问到，"来得太早，门还没有开。"我懒懒地答到。她什么也没有说，只是把门轻轻地推了一下，门居然

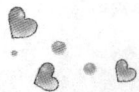

开了，天呀，这门，这门……居然一直都开着，我想我的表情一定是很惊讶，阿媛平静地看着我说："其实，实验室的门已经坏了，所以门一直也没有上锁，不要这副痛不欲生的样子，又不是世界的末日到了，何必呢？这扇门我已经替你打开了，但有一扇门你必须自己开，所以我等待着，明白吗？"我重重地点了点头，我以为门没有开，所以我等待，我彷徨，我甘愿在这里耗尽时间做一个等待者，却不愿推一下近在咫尺的而又未上锁的门，天呀，我什么时候变得如此没有信心了呢？我不能在这样沉沦下去了，我终于做了最后的选择，开始振作起来。

于是，我调整好自己的情绪，微笑地对阿媛说："谢谢你。我明白了，让我们一起进去吧。"

"你不再等了吗？"

"不了，我知道，还有许多扇门等着我自己去开。"我说到，阿媛会意地笑了，于是我两个手拉手一起进了门里的那个世界。

在那个阳光灿烂的下午，我告诉我自己，我不会再为成长道路上的那一道道坎坷而等待、彷徨。因为我知道，有很多的门在等着我亲自开启。

（佚名）

回家的门铃声

老爸一回头看到我，刚刚还寂寞愁苦的脸，一瞬间像波斯菊一样盛开了，那舒展的笑容里，竟有一种孩子得到宝贝般的喜悦。

出门从来没要带钥匙，因为家里总有人为我开门。

直到家门口，伸手摁门铃，一会儿门轻轻地开了，一声苍老柔和的问候 响起，让我的心"咕咚"一下，跌在最柔软的地方，好舒服，好惬意！

母亲在世时，二老常为开门争执。门铃"叮咚"一响，父母像赛跑一样

赶向门边，母亲脚步是细碎急促，父亲的脚步则像重锤敲在地板上。母亲总落后父亲一步，只好站在父亲身后嗔怪着："叫你做事磨洋工，给女儿开门你比哪个都积极。"父亲却满怀着胜利的喜悦，为我接包、递鞋，让我天天享受贵宾待遇。

母亲去世后，没人跟父亲抢开门了，老爸的灵气和幽默感被老妈带去了不少。随着年纪一天天增加，老爸的耳朵背了，脚步也变得迟缓了。为了不耽误开门，每天到我下班的钟点，他就守在门边，守株待兔般地期待门外的脚步声响起。

有一天下班路上堵车，到家比平日晚半个小时，我照例摁响门铃，一声、两声，没反应。我心里一紧：老爸出什么事了？忙翻包掏钥匙。打开门，只见老爸站在阳台上，向外张望，晚风吹拂着他稀疏的白发，那情景让我心里一阵酸楚。老爸一回头看到我，刚刚还寂寞愁苦的脸，一瞬间像波斯菊一样盛开了，那舒展的笑容里，竟有一种孩子得到宝贝般的喜悦。

我知道这半小时中，老爸的心里经受了怎样的煎熬。每天傍晚的"叮咚"声，已经成了他生命的一部分，这个声音的准时与否牵动着他的神经，稍迟一会儿，他的脑子就会滋生出担心和焦虑。这份牵挂，让我每天下班都不敢耽搁。

不久，我发现门边多了一把椅子，挺碍事的，每天晚上我搬走，第二天它又回到了门边。后来我发现这是老爸特地设置的"门岗"，老人家怕听不到门铃，每天到了我下班的钟点他就坐在门边，等待我按响门铃。

这样的温情，这样的爱，就像冬天里的一杯茶，将冰冷的手指一点点摩挲温热了，心也跟着热起来，汹涌出感恩的潮水来。

回家摁门铃的幸福，不是所有人都能享受到的。在有限的生命中，有你的至亲把你存放在心底，时时牵挂你，那是做小辈不浅的福分。在摁响门铃的那一刻，我把疲惫、烦躁和不快留在门外，给为我开门的亲人一个灿烂的笑脸，作为牵挂的酬谢。

我知道，对于爱着我的人，这是最好的酬报！

（张鹰）

马贝街的故事

这些温柔的小精灵们在绚丽的晚霞中，随风轻轻地摇动着。他想起了阿伯特。

1988 年的纽约。

雅各布·里兹和他的妻子伊丽莎白及两个女儿——凯特和克莱拉，当时住在城郊的一幢小房子里。这幢小房子正如同在一块巨大的色彩斑斓的画布上——各种各样的鲜花正在广阔起伏的田野上像夏夜的繁星一样热烈地盛开着。

雅各布在城里的一家报社工作，每天早上他都要乘渡船过河进城。

为了工作，他需要走进城里的大街小巷。他曾看到过许多事情。像呼啸而过的救火车，滑稽的街头马戏团的表演，盛大的游行队伍等等之类的事，雅各布都会根据自己的见闻写下一个故事，每天都会有许多人读到报纸上雅各布写的故事。

有一天，雅各布走在回家的路上——一条黑暗窄小的街道：这是一条他非常熟悉的街这条街叫马贝街，在纽约城里没有别的街会比它更黯淡了，没有别的街的房子会比它的老屋更破旧，也没有别的街的人们会比它的居民更贫困。

雅各布对马贝街的情况已经写过不止一篇文章，他呼吁人们把马贝街的老房子拆掉，建起漂亮的新房子，还应该整修一个可供马贝街的孩子们玩耍使用的操场，路灯也早就该竖起。但是马贝街的一切还是老样子，什么事也没有发生。

"没有人能为它做这些事。"人们说。然后他们就不再更多地考虑马贝街了。

那天，雅各布在路口看到了阿伯特——一个住在马贝街的男孩。"你妈

妈今天怎么样了?"雅各布问道，"她还很虚弱吗?""是的,"阿伯特答道,"但她总算好点了。"

"我建议你,"雅各布说,"假如能够的话,你最好采一些花送给你妈妈,因为病人看到生机勃勃的鲜花会感到好一点的。"

"是吗?"阿伯特怀疑地问。

雅各布肯定地点点头。

"那我会设法采一些给我妈妈的。"阿伯特说,"只是我不知道花到底是什么样的,我从来没有见过。"

"什么,你从来没有见过任何花?"雅各布震惊地说,"可是,阿伯特,只要一到乡下,五彩缤纷的鲜花到处都是!"

"我从来没有去过乡下,"阿伯特低下头说,"我妈妈不能带我去,我们太穷了,我从小到大一直没有离开过马贝街。"

于是雅各布坐下来,一五一十地想努力告诉阿伯特鲜花到底是什么样的。

他说:"鲜花盛开在大地上。有些花朵沁人心脾,气味芳香,而有些花却一点味也没有。柔软的花瓣的形状千奇百怪:有圆的,椭圆的;有扁的,卷的;有片状的,带状的。花还有许多想都想不出来的颜色:有的红似木柴燃烧发出的火焰;有的蓝得像晴朗无云的天空;有的花比冬天飘洒的雪花还要白;有的黄得比妈妈的黄纱巾的黄色还要深,还要透明。"

当雅各布说完的时候,阿伯特仍然相当困惑地眨眨眼睛说:"我大概已经明白花是什么样子的了。我真希望有一天能看到它们,摸一摸,闻一闻。"

雅各布离开了。马贝街凯特和克莱拉望见了爸爸,高兴地跑到他身边,扑进了他有力的臂弯里。

当他们一起回家的时候,雅各布看着路边的旷野,那上面铺满了普通的平时不能引起他更多注意的花朵:这些温柔的小精灵们在绚丽的晚霞中,随风轻轻地摇动着。他想起了阿伯特。

他拉着女儿们的手,告诉她们一个名叫阿伯特的男孩的故事,一个从来没有离开过一条叫做马贝街的黑暗街道的孩子,一个从来没有看见过哪怕是最平凡最微小的花儿的可怜的孩子。

两个女儿沉默了。

第二天，凯特和克莱拉早早冲出房子，奔进宽广的原野，尽她们所能一个劲地采花。她们把一大捧鲜艳芬芳还带着露水的花交给雅各布。

"我们是为阿伯特采的，"她们气喘吁吁地说，"那个从未见过花的男孩子。"当阿伯特看到这些花时，他很久很久没有说一个字。

雅各布轻声问他："你不喜欢它们?""不，我真是太喜欢它们了。"阿伯特终于抬起头，眼里闪着兴奋的光，难以置信似的微微摇了摇头，"我不知道世上竟还有这么好看的东西。我要把它抱给妈妈看，它肯定会使她感觉好一点的。"

另一些马贝街的孩子路过了这里。他们也从未看到过鲜花。他们问是否可以仔细地看看它们，摸摸它们并且闻闻它们。所有的孩子都认为，这些花朵非常迷人。

有一个小女孩轻轻地抚摸着柔滑的花瓣，觉得它们是如此美丽，如此令人心醉神迷，竟忍不住哭了起来。大颗大颗的泪珠溅落在这美好而又安静的花束上。

那天，雅各布为他的报社写了一个关于马贝街的孩子和花的故事。他把印好的报纸带回家给妻子和女儿们看。她们都为送花给阿伯特而感到非常高兴。

那天晚上，同平常一样，许多人看到了雅各布写的故事，他们——男人和女人，老人和孩子，木匠和经理——都为马贝街的孩子们感到难过。

于是，他们纷纷一大早就走进田野、荒地，走到山谷里，走到小溪边，走到山包上，采了尽可能多的鲜花——就像凯特和克莱拉一样。

有些人乘着火车进城，有些人赶着敞口马车进城，有些人坐着四轮马车进城，更多的人徒步走来：人人手里都捧着刚摘下来的清新的五颜六色的鲜花。他们把纯洁的花束放在雅各布的工作室里，都说同一句话："请把这些花带给马贝街的孩子们。"

不久，这间工作室就被花挤满了。雅各布看看窗外：川流不息、越来越多的人们正捧着无比贵重的鲜花来到这里。

雅各布弄来一辆大运货马车，把花一趟一趟地带到马贝街个居民：给每个孩子们，给他们的母亲们，给他们的父亲们。

给了每个人后，还有许多鲜花。于是，人们就把花摆在每一个窗户前，

靠在每一个大门前，插进每一个烟囱里，抛到每一个屋顶上：凡是能塞进花的每一个角落和缝隙，都放上了花。

从屋顶到地面，整条街的每一座房子上，除了花以外，没有别的东西。在那天，马贝街成了纽约城里最漂亮的一条街！马贝街的每个人好几天都一直陶醉在花的海洋里。

雅各布仍把这些写成了故事，仍有许多人读到了。在感动之余，他们开始想："我们必须为马贝街做些什么？"雅各布后来成了一个老人。在几十年里，他看到了马贝街的许多变化：破旧的老房子被推倒了，新房子取代了它们的位置；一个宽阔平整的游戏场也终于修成了，在那儿，马贝街的孩子们可以尽情玩耍；路灯立了起来，马贝街再也不黑暗了。

但是，已经没有任何事情能使雅各布像很多年前的一天那样感到快乐：在那天，有个叫阿伯特的男孩第一次看到鲜花；在那天，所有的马贝街的孩子们第一次看到了鲜花；在那天，有个小女孩流下了泪水，仅仅因为她手里紧握的鲜花在她看来是如此的美丽动人。

（威尔马·怀斯蒋江译）

小提琴的力量

她永远都不会意识到，她的纯真和善良曾经是怎样震颤了两位迷途少年的心弦，让他们重树生命的信念。

每天黄昏的时候，我都会带着小提琴去湖畔的公园散步，然后在夕阳中拉一曲《圣母颂》，或者在迷蒙的暮霭里奏响《冥想曲》，我喜欢在那悠扬婉转的旋律中编织自己美丽的梦想。小提琴让我忘掉世俗的烦恼，把我带入一种田园诗般纯净恬淡的生活中去。

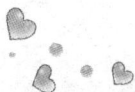

那天中午，我驾车回到花园别墅。刚刚进客厅门，我就听见楼上的卧室里有轻微的响声，那种响声我太熟悉了，是那把阿马提小提琴发出的声音。"有小偷！"我一个箭步冲上楼，果然不出我所料，一个大约12岁的少年正在那里抚摸我的小提琴。那个少年头发蓬乱，脸庞瘦削，不合身的外套鼓鼓囊囊，里面好像塞了某些东西。我一眼瞥见自己放在床头的一双新皮鞋失踪了，看来他是个小偷无疑。我用结实的身躯堵住了少年逃跑的路，这时，我看见他的眼里充满了惶恐和绝望。就在刹那间我突然想起了记忆中那块青色的墓碑，我愤怒的表情顿时被微笑所代替，我问道："你是拉姆先生的外甥鲁本吗？我是他的管家，前两天我听拉姆先生说他有一个住在乡下的外甥要来，一定你了，你和他长得真像啊！"

听见我的话，少年先是一愣，但很快就接腔说："我舅舅出门了吗？我想我还是先出去转转，待会儿再来看他吧。"我点点头，然后问那位正准备将小提琴放下的少年："你很喜欢拉小提琴吗？""是的，但我很穷，买不起。"少年回答。"那我将这把小提琴送给你吧。"我语气平缓地说。少年似乎不相信小提琴是一位管家的，他疑惑地看了我一眼，但还是拿起了小提琴。临出客厅时，他突然看见墙上挂着一张我在悉尼大剧院演出的巨幅彩照，于是浑身不由自主地颤栗了一下，然后头也不回地跑远了。我确信那位少年已明白是怎么回事，因为没有哪位主人会用管家的照片来装饰客厅。

那天黄昏，我破例没有去湖畔的公园散步，妻子下班回来后发现了的我这一反常现象，忍不住问道："你心爱的小提琴坏了吗？""哦，没有，我把它送人了。""送人？怎么可能！你把它当成了你生命中不可缺少的一部分。""亲爱的，你说的没错。但如果它能够拯救一个迷途的灵魂，我情愿这样做。"看见妻子并不明白我说的话，我就将当天中午的遭遇告诉了她，然后问道："你愿意再听我讲述一个故事吗？"妻子迷惑不解地点了点头。"当我还是一个少年的时候，我整天和一帮坏小子混在一起。有天下午，我从一棵大树上翻身爬进一幢公寓的某户人家，因为我亲眼看见这户人家的主人驾车出去了，这对我来说，正是偷盗的好时机。然而，当我潜入卧室时，我突然发现有一个和我年纪相当的女孩半躺在床上，我一下子怔在那里。那位女孩看见我，起先非常惊恐，但她很快就镇定下来，她微笑着问我：你是找五楼的

劳德先生吗？我一时不知说什么好，只好机械地点头。这是四楼，你走错了。女孩的笑容甜甜的。我正要趁机溜出门，那位女孩又说：你能陪我坐一会儿吗？我病了，每天躺在床上非常寂寞，我很想有个人跟我聊聊天。我鬼使神差地坐了下来。那天下午，我和那位女孩聊得非常开心。最后，在我准备告辞时，她给我拉了一首小提琴曲《希芭女王的舞蹈》。看见我非常喜欢听，她又索性将那把阿马提小提琴送给了我。就在我怀着复杂的心情走出公寓、无意中回头看时，我发现那幢公寓楼竟然只有四层，根本就不存在所谓的居住在五楼的劳德先生！也就是说，那位女孩其实早知道我是一个小偷，她之所以善待我，是因为想体面地维护我的自尊！后来我再去找那位女孩，她的父亲却悲伤地告诉我，患骨癌的她已经病逝了。我在墓园里见到了她青色的石碑，上面镌刻着一首小诗，其中有一句是这样的：把爱奉献给这个世界，所以我快乐！"

　　三年后，在墨尔本市高中生的一次音乐竞技中，我应邀担任决赛评委。最后，一名叫梅里特的小提琴选手凭借雄厚的实力夺得了第一名！评判时，我一直觉得梅里特似曾相识，但又想不起在哪里见过。颁奖大会结束后，梅里特拿着一只小提琴匣子跑到我的面前，脸色绯红地问："布里奇斯先生，您还认识我吗？"我摇摇头。"您曾经送过我一把小提琴，我一直珍藏着，直到有了今天！"梅里特热泪盈眶地说，"那时候，几乎每一个人都把我当成垃圾，我也以为我彻底完蛋了，但是您让我在贫穷和苦难中重新拾起了自尊，心中再次燃起了改变逆境的熊熊烈火！今天，我可以无愧地将这把小提琴还给您了……"

　　梅里特含泪打开琴匣，我一眼瞥见自己的那把阿马提小提琴正静静地躺在里面。梅里特走上前紧紧地搂住了我，三年前的那一幕顿时重现在我的眼前，原来他就是"拉姆先生的外甥鲁本"！我的眼睛湿润了，仿佛又听见那位女孩凄美的小提琴曲，但她永远都不会意识到，她的纯真和善良曾经是怎样震颤了两位迷途少年的心弦，让他们重树生命的信念。

（布里奇斯）

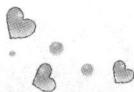

两个白菜包子

为了我和哥哥，父亲两年来竟然没有吃过午饭。这个想法经常揪着我的心，我觉得我可能一生都会为此而内疚。

大概有那么两年的时间，父亲每天中午都拥有两个包子，那是他的午饭。记忆中那好像是上世纪八十年代初期的事，那时我和哥哥都小，一人拖一大把鼻涕，每天的任务之一就是看能不能搞到一点属于一日三餐之外的美食。

父亲在离家三十多里的大山里做石匠，早晨骑一辆破自行车走，晚上骑这辆破自行车回。两个包子是母亲每天天不亮点着油灯为父亲包的。管那叫包子，其实那里面没有一丝的肉沫，只是两滴猪油外加白菜帮子而已。

父亲每天的工作是把三十多斤重的大锤挥动几千下，两个包子，只是维持他继续挥动大锤的资本。记得那时家里其实已经能吃上白面了，只是吃得还不太多，而那时年幼的我和哥哥对于顿顿窝窝头和地瓜干总是充满了刻骨的仇恨。于是，父亲的包子成了我和哥哥唯一的目标。为了搞到这个包子，我和哥哥每天总是会跑到村口去迎接父亲。见到父亲的身影时，我们就会高声叫着冲上前去，这时父亲就会微笑着从他的挎包里掏出本是他的午饭的两个包子，分给我和哥哥一人一个。包子的味道虽然并不是特别可口，但仍然可以让嘴馋的我和哥哥得到很大的满足。这样的生活持续了两年，期间我和哥哥谁也不敢对母亲说，父亲也从未把这事告诉母亲。

后来家里终于可以顿顿吃上白面了，我和哥哥逐渐对那两个包子失去了兴趣，这时那两个包子才重新属于我的父亲。而那时的我和哥哥已经到了上小学的年龄。

关于这两个包子的往事使我多年来一直觉得对不住父亲，毕竟，那不是父亲的零食，而是他的午饭。为了我和哥哥，父亲两年来竟然没有吃过午饭。

这个想法经常揪着我的心，我觉得我可能一生都会为此而内疚。

前几年回家，饭后与父亲谈及此事，父亲却给我讲述了他的另一种心酸。

父亲说，其实他在工地上也是吃饭的，不过只是买个硬窝窝头而已。记得有那么一天，他为了多干点活儿而错过了吃饭的时间，已经买不到窝窝头了。后来，父亲饿极了，于是就吃掉了本来就属于他的两个包子。后来父亲回家，走到村口时，我和哥哥照例去迎接他，当我们高喊着"爹回来了，爹回来了"时，父亲搓着自己的双手——他感到很内疚，因为自己无法满足儿子们的期望。

他说："我为什么要吃掉那两个包子呢？其实我可以坚持到回家的。我记得那时你们很失望，当时，我差点儿落泪。"父亲说，为这事，他内疚了二十多年。

其实这件事我早忘了，或者当时我确实是很失望，但后来确实忘了。我只记得自己年幼无知，或者我并不真的需要那个包子。然而我的父亲，他为了未能满足自己儿子的那仅有的一次，却足足内疚了二十多年。

(周海亮)

摔碎的心

父亲在灾难和死亡突至那一刹那，还记挂着女儿，还在保护心脏，因为，那是一颗渴望移植给女儿的心脏！

灾难在小敏未出生的时候就已经开始了，到她五岁时，深藏在小敏体内的病魔终于狰狞的扑向她，扑向她的父母。小敏被确诊患有一种医学上称之为"法乐氏四联症"的先天性心脏病.这是目前世界上病情最复杂、危险程度最高、心脏随时都可能停止跳动的顽症。小敏在父母的带领下开始去国内各

大医院求诊，开始了整日鼻子总要插着管子的生活。小敏问母亲为什么她的鼻子总要插着管子，母亲告诉她因为她得了一种很怪的感冒，很快就会好的。然而，小敏的"感冒"一直没有好。

十六岁那年，小敏终于从病历卡上知道自己患的是一种几近绝症的病。那天晚上，父亲依然像以往那样，将小敏喜欢的饭菜摆放在她的床头的柜子上，将筷子递给她说："快吃吧！都是你喜欢吃的。"小敏克制着自己，平静，平静.可绝望还是疯狂的撕扯着她，她放声哭了起来。哭声中小敏哽咽着问父亲："你们为什么一直在骗我？为什么……？父亲在小敏的哭声中愣住着，突然背转过身，肩膀不停地抖动着。第二天清早，小敏悄悄地溜出家，她知道，离家不远处有一家农药店，小敏要去那里买能够结束自己生命的药物。小敏可以承受病魔的蹂躏，却无法忍受父母被灾难折磨，而小敏认为她唯一能够帮父母的，似乎只有杀掉病魔，而她能够杀掉病魔的唯一方法就是结束自己的生命。就在小敏和店老板讨价还价的时候，父亲从门外奔了进来，一把抱住小敏，她感觉到父亲浑身都在颤抖，小敏知道，父亲一定是在哭泣……那一晚家里一片呜咽，而父亲却没有掉眼泪，他告诉小敏："孩子，我们可以忍受再大的灾难，却无法忍受失去你的痛苦啊！"因为爱父母，小敏想选择死亡，而父母却告诉小敏，爱他们就应该把生命坚持下来。

三天后，在市区那条繁华的街道旁，父亲褴褛地跪在那里，脖子上挂着一块牌子，上面写着：我的女儿得了绝症，她的心脏随时都可以停止跳动，善良的人们，希望你们能施舍一点爱，帮助我的女儿避免不幸，毕竟她还只有十六岁啊！小敏听邻居说父亲去跪乞后找了过去。当时，父亲的身边围着一圈的人，人们看着那牌子，窃窃议论着，有人说骗子在骗钱，有人朝父亲的身上吐痰……父亲一直垂着头，一声不吭。小敏分开人群，扑到父亲身上，抱住父亲，泪水又一次掉了下来……父亲在小敏的哀求下不再去跪乞，他开始拼命地去做一些高危险性的工作。他说，那样薪水会高一些，他要积攒给小敏做心脏移植手术的钱。这似乎是维持小敏生命的唯一办法，但移植就意味着在挽救一个人的同时，结束另一个人的生命啊！直到那一天，小敏在整理房间时，从父亲的衣兜里发现了一份意外伤亡的保险和他写的一封信，上面写着，他自愿将心脏移植给小敏。原来，父亲是在有意的去接触高危险的

工作，他是在策划着用自己的死亡换小敏的生存啊！小敏一个字也说不出来，眼泪滂沱而落，那天晚上，小敏和父亲聊天到很晚，小敏说："生命不在长短，要看质量，我得到太多太多来自您和妈妈的关爱了，就是现在离开这个世界，我也会幸福的离开……"父亲无语。

一天，小敏从学校回来，不见父亲，母亲告诉小敏："你爸爸去公证处公证了，想要把心脏给你，公证人员没有受理，他去问医生了……"母亲说着哭了。小敏知道，那是因为父亲心里最深的疼痛，而小敏能做的，却只能是听任父亲。那天晚上，父亲的神色黯然的回来，小敏知道医生不同意，父亲不再去咨询了，继续做高危险的工作。七个月后的一天，将近40岁的父亲在一处建筑工地抬玉石板时，和他的一个工友双双从5楼坠落，父亲停止了呼吸，听工友说，父亲坠落时，双手捂在胸口前。小敏知道，父亲在灾难和死亡突至那一刹那，还记挂着女儿，还在保护心脏，因为，那是一颗渴望移植给女儿的心脏！父亲的心脏最终未能移植给小敏，因为那颗心在坠楼时被摔碎了！

（邝琰）

只为这一程璀璨的光阴

亲爱的弟弟，能否像曾经的我一样，背负起行囊，执著地向前，只为这一程璀璨的光阴？

亲爱的弟弟，不知我走的时候，放在你床头的那封信，你究竟是漫不经心地看过便丢在一旁，还是在一丝丝愧疚的牵绊下，拿起床头的书，认真地读上几页？我已经远在北京，看不见此刻的你，是否又回到昔日散漫不羁的生活，怀着那么一点点的侥幸，继续在高考前的时间里清闲游走。

　　或许你会认为，我熬夜写出的五千字的信，于你，不过是一堆于是无补的说教，你有你混日子的理由。你会像讲给没有文化的父母那样，讲给我这个即将出国留学的姐姐，说，你们学校不过是所不入流的高中，有最纨绔的子弟，几乎是每天都有人打架，甚至你这样中规中距的学生，毫无理由地，就会被校园里的痞子们截住，挨一通嘲弄。或许你也会让我上网查询去年你们学校的高考升学率，百分之九十的学生，都是通过艺考，走进了大学。而我当初阻止了你读艺术，也就基本上阻止了你通往大学的路。因为，基本上，除去艺考生，只有十个左右的学生能够考上大学，而排在二十名之后的你，当然是希望渺茫。况且，你们学校的传统是，在高考来临之前，便将考学无望的学生，像残次品一样，全部处理掉，要么去学技术，要么去进工厂，要么自己寻出路。在这样差的高中里，你除了一天一天地熬下去，熬到高考过去，那一张薄薄的毕业证发下来，还能去做什么？

　　更让你理直气壮地将学业荒废掉的，是而今实行的素质教育，你们终于可以不用补课，不用上晚自习，不用在漆黑的夜晚，飞快朝家中赶，遇上雨雪天气。还要溅一身晦气的泥浆。而今，你们只需在夕阳下，背起书包，说说笑笑地走回家去。书包很轻，有同学间彼此交流的时尚玩意儿，也有给女孩子写了一半的情书，但惟独没有老师留的累赘的作业。这样一身轻松地回到家中，若饭还没有做好，恰好可以打开电视，看一段娱乐新闻，或者欣赏半集电视剧。再或者，偷偷溜出去，在网吧里跟新交的网友说几句话。这样的夜晚，再不像往昔那样度日如年，一本杂志，两本小说，三四句闲话，五六个哈欠，便轻而易举地打发掉了，没有老师的监督，你完全是一只自由的鸟儿，可以放任自己在大把的时间里，幸福地遨游。

　　可是，亲爱的弟弟，这样的幸福，于高二已经快要结束的你，究竟还能有多少？你所谓的理由，不过是为你想要逃避这一段艰苦学习的岁月所做的最拙劣的注脚。而我想要说的是，即便你们学校差到只有一个人能够考上，你也有为之奋斗最后一年的理由。再好的学校，也有神色黯然的落榜生，再差的学校，也有站在领奖台上的扬功者，而你，又为何过早地将自己打入毫无希望的深渊？我并不是认定，高考是你唯一的出路。可是假若一个人连青春里这第一场战争，都不愿意迎接，那么，你所谓的毕业后去独闯天下，岂

不是一句可笑的空谈？我所要求的，不是你能考上哪一所大学，我只是希望，在你十八岁之前，能有那么一段意气风发、勇于拼搏的岁月，而这一段时光，不管结局是美好还是黯淡，在坐你人生的长河里，都必定会熠熠生辉。没有人能够否认，这段埋头苦读的青春，回望的时候，会绽放出最璀璨的花朵。

请你尝试着，一点点地改变。哪怕，只是在放学的路上，边欣赏两边的风景，边记下卡片上的几个单词；哪怕，你将电视，自觉地换到英语学习的频道；哪怕，你克服掉自己心中的障碍，开口向比你成绩好的同学求教；哪怕，你能把起床后洗漱的时间，节约上短短的五分钟，而后将这些零敲碎打的时日，换成朗诵一篇散文，读解一道习题，探究一种生物，或者，只是给父母说一句安慰的话。

是的，因为你一直以来的不上进，父母几乎对你完全失望，他们不知道如此游荡到毕业的你，究竟能够有怎样的未来。当我因为对你荒废光阴的气愤，而在母亲面前脱口而出，不要指望我能够为你提供怎样的便利时，她竟是背过脸去，哭了。父母一直都希望，走出小镇的我，能够在打拼出属于自己的一片天空的时候，亦能顺便，为你遮一小片绿荫。我无法说服他们，无论我飞得如何的高，都始终无法代你走一生的路途。但我依然要在这里，无情地提醒于你，此生，我是你的姐姐，但你永远都不要奢望，走出去的我，会像父母一样，为你二十岁以后的人生，奔走前后，筋疲力尽。我只会站在最关键的十字路口处，为你指明那最通达的一条，就像此刻，我尽着一个姐姐所应该尽的职责，写这封信给你。

亲爱的弟弟，其实，你和我，是一样的孩子，曾经在父母的唠叨里，有想要离家出走的冲动；也曾经为买不起一件衣服，而羞于在体育课上张扬；又曾经在十八岁的路口上，犹豫且失落。但，不同的是，我的每一步，都走得结实且稳健，我知道自己唯有走出小镇，才能得到自己想要的未来，我知道大学能够提供给我更明亮的一扇窗户，从这里，我可以看得更远，视线亦可以飞得更高。

而你，亲爱的弟弟，能否像曾经的我一样，背负起行囊，执著地向前，只为这一程璀璨的光阴？

（安宁）

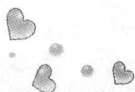

空白的信

我现在唯一的希望就是赚够给西蒂治眼睛的钱，然后我们一家团聚。请你们一定要相信，这一天很快就会到来的。

西蒂一出生双眼便看不见。西蒂的父亲杰克是银行职员，母亲丽莎原来在一家商场当售货员，因为西蒂，她毅然做了家庭主妇，专门照顾西蒂及丈夫杰克的日常生活。

在西蒂 10 岁那年，她的母亲丽莎对西蒂说，因为要给她医治眼睛，她的父亲杰克必须到离家两千公里的希德堡镇做生意。而她也要外出工作，并已经联系到了离家最近的那家超市，她的工作依然是营业员。母亲接着说，只有这样才能赚够给她医治眼睛的钱。虽然爸爸离家太远不能经常回家，但妈妈每天晚上都会回家照顾她，陪伴她，并让她相信，不管什么时候爸爸妈妈都是爱她的。西蒂懂事地点了点头。

在妈妈的帮助下，西蒂将家里的东西全部放在固定的位置，并深深地记在脑中，西蒂决定学会自理生活。她学着自己烤面包，自己煎牛排，妈妈不在家里时候，她就自己做饭吃。每天，妈妈都要很晚才回家，西蒂感觉得到妈妈一定很累，因为每天夜里她都听到了妈妈的叹息声。但妈妈在跟西蒂说话的时候，又好像很快乐，很开心。西蒂经常问妈妈是不是很累，但都被妈妈否认了。妈妈说，只要能赚够医治好西蒂眼睛的钱，叫她干什么她都乐意。还有西蒂的爸爸，跟妈妈的心愿也是一样的，他在遥远的希德堡镇赚钱的目的就是希望西蒂的眼睛能够尽快好起来。只有到了那个时候，他们一家才能够团聚。西蒂不止一次地说，如果爸爸妈妈能够留在自己身边，她宁愿自己的眼睛永远也看不见。妈妈丽莎听了这话很生气，说爸爸妈妈不能陪你一辈子，你迟早是要独自面对生活的，爸爸妈妈唯一的心愿就是治好你的眼睛。

西蒂不再出声了，她唯有祈祷上天，他们一家人早点团聚。

转眼，圣诞节到了。西蒂想爸爸了，西蒂懂事地跟妈妈说，她知道忙碌的爸爸肯定回不来，但她想给爸爸打个电话。妈妈沉默了良久，才说，还是不要打电话了，因为爸爸太忙了，并且他已经写信来了，不如我现在就念给你听吧。西蒂高兴极了说，真的吗，爸爸真的给家里写信了？于是，她一脸幸福地听妈妈念爸爸的来信。

亲爱的妻子丽莎及女儿西蒂：你们好，我在这里很好，只是很想念你们……我现在唯一的希望就是赚够给西蒂治眼睛的钱，然后我们一家团聚。请你们一定要相信，这一天很快就会到来的。

永远爱你们的杰克

听了爸爸的来信，西蒂高兴极了，母女俩为此还买来了好多吃的东西庆祝了一番。从此，每隔几个礼拜爸爸的信便如期而至，妈妈丽莎照样要念给西蒂听。然后她们便高兴得在屋子里又唱又笑，还买来很多吃的东西庆祝，就像过节一样。

终于有一天，西蒂睁开了眼睛。但她仍然只看到了妈妈，爸爸并没有回来跟她们母女俩团聚。西蒂睁开好奇的双眼，整个世界对她都是新奇的，她看到了挂在墙壁上爸爸妈妈的照片，她发现，站在她面前的妈妈比照片上的要苍老很多。这都是为了医治她的眼睛，妈妈才如此操劳的啊，她又想起了爸爸，爸爸也一定跟妈妈一样，为了给她医治眼睛而不停地操劳，最终变得无比苍老。她问妈妈，爸爸呢，现在我的眼睛已经医治好了，他为什么还不回来？妈妈习惯性地去拿爸爸的信，妈妈说，好孩子，你爸爸又来信了，我去拿来念给你听。这次西蒂没有让妈妈念，她要亲眼看一看爸爸写给她的信！当她偷偷拿过那封信一看，不禁呆住了，那竟是一张白纸！西蒂懂事地又将那张白纸递给妈妈说，我不识字，还是请妈妈念给我听吧！

妈妈跟往常一样高兴地念着，西蒂听着听着便笑了。

第二天，当妈妈外出工作的时候，她发现爸爸以前写回来的每封信都是白纸。她还悄悄地跟踪妈妈，发现妈妈白天在超市里工作，下班后还要去一家餐馆里洗几个小时的碗。

在西蒂去上学后的一天，她突然发现了一个跟挂在家里的爸爸的照片很

相像的男人，那个男人搂着一个比妈妈年轻的女人，有说有笑地在大街上与西蒂擦肩而过。此时，西蒂什么都明白了，也终于明白了妈妈的良苦用心，妈妈为了维护一个孩子心中的完整家庭形象，竟然付出了巨大的代价！

晚上，妈妈下班后，西蒂突然拿着一张白纸，说爸爸来信了，这回她要念给妈妈听。丽莎一愣，但还是示意西蒂念下去。

亲爱的妻子丽莎及女儿西蒂：你们好，我听说西蒂的眼睛已经治好了，我很高兴。只是，我现在在希德堡生活得很好，因为这是个美丽的地方，美丽得让我深深地爱上了这个地方，所以我不想回去了。但我也希望你们在家里生活得快乐平安。如果有可能的话，我还希望丽莎重新给西蒂找一个好爸爸，能够代替我照顾你们母女俩，这样我在这里就可以安心地生活了。以后我依然会给你们写信的。永远爱你们的杰克。

听完信，丽莎的眼泪再也忍不住地流了下来。

（佚名）

改变一生的闪念

女孩眼睛泛着泪光，轻声说："虽然我至今都不明白，您为什么愿意充当我的妈妈，使我摆脱了困境，但我这么多年来，一直好想喊您一声妈妈。"

那是一个老师告诉我的故事，至今仍珍藏在心里，让我明白在人世间，其实不应该放过每一个能够帮助别人的机会。

那是在多年前的一天，这位老师正在家里睡午觉。突然，电话铃响了，她接过来一听，里面却传来一个陌生粗暴的声音："你家的小孩偷书，现在被我们抓住了，你快来！"话筒里传来一个小女孩的哭声和七嘴八舌的呵斥声。她回头看看正在看电视的唯一的女儿，心中立即就明白过来。肯定有个

女孩因为偷书被售货员抓住了，而又不肯让家里人知道，所以，胡扯了一个电话号码，才碰巧打到这里。

她当然可与以放下电话不理，甚至也可以斥责对方，因为这件事和她没任何关系。但自己是老师，说不定她就是自己的学生呢。她隐约可以设想出，那个一念之差的小女孩，一定非常惊慌害怕，正面临着尴尬的境地。于是，她问清了书店的地址匆匆忙忙赶了过去。

正如她预料的那样，书店里站着一个满脸泪痕的小女孩，而旁边的大人们，正在大声地斥责着。她一下子冲上去，将那个小女孩搂在怀里，转身对旁边的售货员说："有什么事就跟我说吧，我是她妈妈，不要吓着孩子。"在售货员不情愿的嘀咕声中，她交清了28元的罚款，领着这个小女孩走出了书店，并看清了那张被泪水和恐惧弄得一塌湖涂的脸。她将小女孩领到家中。简单地梳洗了一下，什么都没有问，就让小女孩离开了。她还特意叮嘱：如果你要看书，就到阿姨这里来。惊魂未定的小女孩，深深地看了她一眼，便飞一般地跑掉了，从此再也没有出现过。

时间如流水匆匆而过，不知不觉间，多少年的光阴一晃而过，她早已忘了这件事。有一天中午，门外响起了一阵敲门声。当她打开房门后，看到了一位年轻漂亮的陌生女孩，露着满脸的笑容，手里还拎着一大堆礼物，"你找谁?"她疑惑地问着，但女孩却激动地说出一大堆话。好不容易，她才从那陌生的女孩的叙述中，恍然发现，原来她就是当年的那个小女孩。多年之后，已经大学毕业，现在特意来看望自己。

女孩眼睛泛着泪光，轻声说："虽然我至今都不明白，您为什么愿意充当我的妈妈，使我摆脱了困境，但我这么多年来，一直好想喊您一声妈妈。"老师的眼睛也开始模糊起来，她有些好奇地问道："如果我不帮你，会发生怎样的结果呢?"女孩的脸上立刻变得忧郁起来，轻轻摇着头说："我也不清楚，也许就会去做傻事，甚至去死。"

老师的心猛地一颤，开始暗自庆幸自己当初善意的闪念竟如此影响到别人的一生。

（佚名）

停的时候，是为了欣赏人生

既然有机会来到这多彩多姿的世界里，就应该像一个旅行家，不只要跋山涉水，走完我们的旅程，更要懂得欣赏、流连。

在欧洲阿尔卑斯山中，有一条风景很美的大道上，挂着一句标语，写着："慢慢走，请注意欣赏！"

现代人看起来太忙了，许多人在这忙碌的世界上过活，手脚不停，就好像在阿尔卑斯山上旅行，乘汽车匆匆忙忙的过去，没有什么时间，回一回头，或者停一停步子，欣赏一下风景，结果，使这原本丰富美丽的世界，在我们眼中空无所有，只剩下了匆忙和紧张，劳碌和忧愁。

有个好莱坞的歌王，曾经说了一些很感慨的话，他说："当我年轻的时候，急急爬到山顶上，就像参加赛跑的马，带着眼罩拼命往前跑，除了终点的白线之外，什么都看不见。我的祖母看见我这样忙，很担心地说：孩子，别走得太快，否则，你会错过路上的好风景！我根本不听她的话，心想：一个人，既然知道要怎么走，为什么还要停下来浪费时间呢？我继续往前跑，一年年过了，我有了地位，也有了名誉和财富，及一个我深爱的家庭。可是，我并不像别人那样快乐，我不明白我做错了什么？"

这位名歌王继续说："有一次，一个歌舞团在城外表演，我是主角，当表演完了，观众的掌声久久不停。"

这一次的表演很成功，我们都很高兴。可是这时候有人递给我一份电报，是我的妻子拍来的，因为我们的第四个孩子出生了。

突然，我觉得很难过，每一个孩子的出生，我都不在家，我的妻子，自承担养育孩子的辛苦。

我从来没看过孩子们走第一步的样子，他们天真的哭、笑，我都没听过，只有从母亲那里，得到间接的描述。我想起祖母对我说的话——

的确，我和我的朋友也疏远，我好久没去摸书本，或者看看花园里的树木。我曾经答应和妻子一起去度假，总因为忙碌而取消了。

有一位哲学家说："单凭思想而不劳动，当然不能生活，但一生像机器一样不停地转，那更加没有意义。"

我们不必把每天的时间，安排的紧紧的，总要留下一点空间，来欣赏一下四周的好风景。如何做一做自己的主人，这才是重要的事。

我们想走的时候就走，想停的时候就停，随心所欲的去发现乐趣，和值得珍惜的东西。

既然有机会来到这多彩多姿的世界里，就应该像一个旅行家，不只要跋山涉水，走完我们的旅程，更要懂得欣赏、流连。

走的时候，是为了到另一个境界，停的时候，是为了欣赏人生。

（佚名）